童眼看数学

TONGYANKANSHUXUE

沈 勇/著

四川大學出版社
SICHUAN UNIVERSITY PRESS

项目策划：唐　飞　段悟吾
责任编辑：唐　飞
责任校对：段悟吾
封面设计：墨创文化
责任印制：王　炜

图书在版编目（CIP）数据

童眼看数学 / 沈勇著. — 成都 : 四川大学出版社，2021.9（2023.7 重印）
ISBN 978-7-5690-5000-4

Ⅰ. ①童… Ⅱ. ①沈… Ⅲ. ①数学—儿童读物 Ⅳ. ①O1-49

中国版本图书馆 CIP 数据核字（2021）第 190904 号

书名　童眼看数学

著　者	沈　勇
出　版	四川大学出版社
地　址	成都市一环路南一段 24 号（610065）
发　行	四川大学出版社
书　号	ISBN 978-7-5690-5000-4
印前制作	成都墨之创文化传播有限公司
印　刷	四川盛图彩色印刷有限公司
成品尺寸	185mm×260mm
印　张	11.25
字　数	196 千字
版　次	2021 年 11 月第 1 版
印　次	2023 年 7 月第 3 次印刷
定　价	58.00 元

◆ 读者邮购本书，请与本社发行科联系。
电话：(028)85408408/(028)85401670/
(028)86408023　邮政编码：610065
◆ 本社图书如有印装质量问题，请寄回出版社调换。
◆ 网址：http://press.scu.edu.cn

四川大学出版社
微信公众号

一本书育两代人

华应龙

2014年11月，我应邀到四川大学附属小学参加他们的办学成果发布会。在送我回机场的路上，沈勇校长和我说起要写本《童眼看数学》的想法。我当时就觉得挺有意义，但也提醒他这个话题很不好写，要有耐心。一晃七年过去了，青涩的小伙子成熟了，书稿也写成了，在此，我表示诚挚祝贺！

这是他的处女作。他思考了四年，写了三年。

其实，按他的文字功底和教育积淀，是不用花这么长时间的。他是在带着工作室志同道合的40多位同伴一起在写，他是想在写这本书的过程中，促进更多的人“为儿童真实成长而教”。写书的同时在“树人”“树师”，这追求，值得敬佩！

问题，一定得是儿童的真问题；回答，一定得是儿童听得懂的回答。这是他对参编人员的一个要求。这样的要求，作为一线教师，就得真实地收集学生真正有困惑的问题，就得真正地站在儿童的角度去思考这些问题，就得真正地让自己成为学生成长过程中的组织者、引导者和欣赏者。

翻阅书稿的时候，我看到了潘海燕、袁敏、黄兴、杨雯娟等我所熟悉的名字，特别欣慰。他们的课我都听过，个性鲜明而又在“真实成长”上趋同。一个学校，一个团队，成长起来了这么多有思想、有实力、有情怀的数学教师，与学校团队的文化氛围密不可分，与沈勇校长的引领组织也密不可分。

我执着于“化错教育”的研究。我始终坚信，我们应将学生在数学、语文、

英语、科学等所有学科学习过程中出现的各种错误，看作他们成长过程中宝贵的教育资源。错若化开，成长自来；化错养正，立德树人。“化”是一个无止境的过程，万物都可以互化，教育的过程就是一个朝着教育目标不断的实现和转化的过程。沈勇校长是“化错教育”优秀的实践者，并在此基础上慢慢生长出了属于他的个性化课堂风格和教育理念。近几年，我曾在较多的研讨活动中与他不期而遇，也曾不经意间在书刊上看到他的文字，如同这本著作一样，从一个点的闪亮到一个体系的建立，他正在成长成熟。

我曾在2018年写过一篇文章《微笑的沈勇》，微笑是他的标志。我在生活中、课堂上都是哈哈放声大笑，他总是眯着眼微笑。北方与南方，表达方式不一样，但都让人感觉温暖。沈勇校长的经历，和我颇有几分相似。他也不是数学科班出身，学的是中文，却最终成了数学特级教师；他也是在乡村工作几年后，再到的中心城市；他也在努力把学校管理工作和个人专业协调发展；他每到一个地方，也都遇上那么多贵人……一个经历丰富，感恩重情的人，注定是幸运的，而微笑，是他对这个世界真实的表达。

一本书育两代人，我十分相信和衷心祝愿《童眼看数学》成为学生们喜欢的课外书，成为教师们信赖的参考书，成为家长们认可的亲子读物。

（华应龙，北京第二实验小学副校长、正高级教师、特级教师、“苏派名师”、首批“首都基础教育名家”）

把数学当故事一样讲

尤一

初识沈勇，那是在2007年，一节研究课“点阵中的规律”。细节因年代久远已无法回忆，但那对课堂的设计还有现场呈现都具有的极强的故事感，给我留下了深刻的印象。“一个聪明的老师帮助一群学生在学数学的过程中变得更聪明。”这是我听完课后的评价，当然，也就记住了这个学生口中“神勇”无比的小伙子。

后来的日子里，一节节好课，一篇篇好文，从汉语学历背景到数学特级教师，从一线普通教师到到全国新生代名师，不是传奇，只是一个一线教师努力成长的一种路径。

今年，收到沈勇老师发来的书稿，颇为惊喜，便开始细品……

我常常思考，创新与传承之间的平衡点是什么？好玩与营养的度如何把握？为了“言论”安全而把课标当成“法典”是不是“明哲保身”？为了成果而虚无的“模式”是不是“沽名钓誉”？核心素养是谁的素养？当然是儿童的。分班分科的学习现实面前如何实现全面发展？当然是基于儿童，突显学科特质。那么，面对一个个鲜活而稚嫩的生命，我们究竟该看重什么、研究什么呢？数学、小学数学、小学数学教育，应是三个通而不同的领域，或者说是小学数学教师对自己工作的三重境界。数学，严谨而抽象，这样的特质决定了它别样的美丽和重要，但也容易让儿童对它心生畏惧。因此，从儿童出发，我们需要把数学界定在“小学”这个范围，可以允许有点不全面，可以允许有些“想当然”。“儿童在成长过程中，有一种经历叫‘数学’，在这个经历中，需要有一个陪伴者、引导者、

欣赏者，一个助长儿童生命的人，这个人就是教师。”强调经历，关注成长，应该就是沈勇心中的“小学数学教育”，我深以为然。

童眼看数学，是儿童面对数学的困惑和探索，更是师长们理解儿童的态度和途径。

翻阅本书时，确实也发现了一些不足之处。这些不足，应该正是小学数学教育的真实体现。作为一线教师，教学中当然会遇到学生提出的很多天马行空的问题，但要回答这些问题，可真不容易。我们是轻飘飘的一句“以后会学”带过，还是努力去进行儿童化的回应呢？其实，就小学数学教育而言，绝大多数知识是识记性的，只需告知与记忆，只需要跟进足量的练习，学生就能在考试中取得不错的成绩。但，除了掌握知识、分析解决问题，发现和提出问题同样重要，这对一个人的终身发展将起到决定性作用。沈勇及他的伙伴们开了好头，他们勇敢地鼓励学生把心中的疑惑说出来，并努力进行儿童化的回应，努力给学生更多的“原来如此”的顿悟。对这样的做法，我也深以为然。

“让学生置身生活场景中，发现数学问题，引导学生用生活事理去理解数学道理，用数学方法来解决生活问题，把数学当故事一样去讲。”这便是我看完后的感受。

（尤一，四川省教育科学研究院小学数学教研员）

沈勇老师：特级教师、四川省教书育人名师、四川师范大学硕士生导师

生活中的沈老师

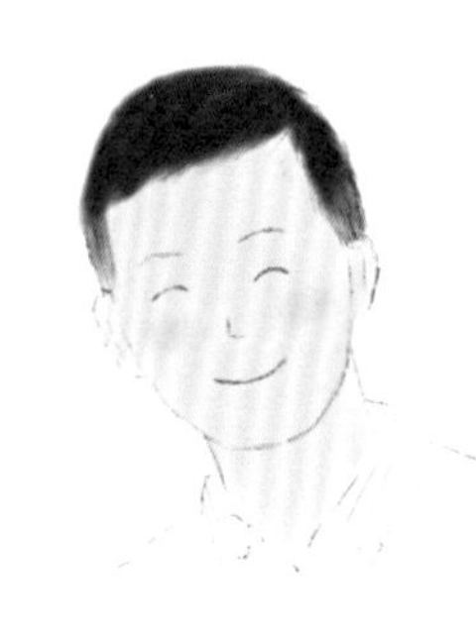
书中的沈老师

适合儿童真实成长的，就是最好的。同学们，如果学习中你遇到了无法解决的问题，可以把困惑发送到我的邮箱420433848@qq.com，我会尽我所能帮助你。

潘海燕老师：成都市学科带头人、潘海燕名师工作室领衔人

生活中的潘老师

书中的潘老师

陪儿童在数学学习中长大。同学们，如果学习中你有精彩的"异想天开"，可以把想法发送到我的邮箱 41718643@qq.com，让我们与你一起分享。

袁敏老师：成都市优秀青年教师、武侯区学科带头人

生活中的袁老师

书中的袁老师

数学，不但有用，而且很有趣。同学们，如果你有好的学习方法，可以把“秘诀”发送到我的邮箱1046363657@qq.com，我会分享给更多的同学。

黄兴老师：成都市骨干教师、武侯区学科带头人

生活中的黄老师

书中的黄老师

来，小朋友们，我们一起来做一道美味又营养的“数学大餐”吧，记得把你烹饪“数学大餐”的心得，以及品尝“数学大餐”的体会，及时发送到我的邮箱30512118@qq.com，与我分享哟。

低段

Lower Grades 01

中段

Middle Grades

47

高段
Higher Grades

童眼看数学
TONGYAN KAN SHUXUE

低段

Lower Grades

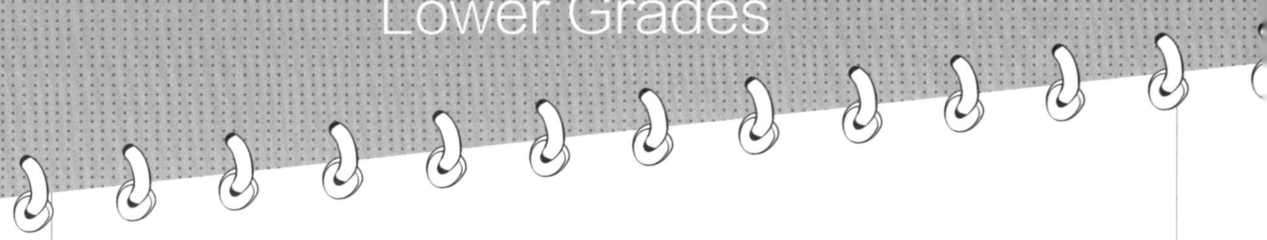

亲爱的小朋友:

祝贺你，成为一名小学生了。关于数学，好奇的你，在家里、在幼儿园里已经都知道不少了吧？让我猜猜看，是不是有些同学连加法、减法、乘法等知识都知道了？但聪明的你，心里一定还有着很多“为什么”。比如“为什么七巧板里有5块都是三角形？”“指南针为何不叫指北针？”“0究竟表示有还是没有？”……面对这许许多多的“为什么”，老师送给大家一个学好数学的法宝：有问题，就向老师、家长、同学请教，自己听明白了，再说给别人听。接下来，就让我们和叮叮、咚咚同学一起，进入低段数学王国去探秘吧。

我的花生比你的多。
不一定吧，数一数才知道。

从"1"说起

在数的认识中，叮叮发现了一个问题：一根萝卜用"1"来表示，一筐萝卜也用"1"来表示。许多根萝卜为什么还是可以用"1"来表示呢？

原来如此

关于"1"，小朋友们在读小学前，早就用上了，只是还没有从数学角度去思考它的含义。数（shù）源于数(shǔ)，数的概念是在漫长的生活实践中逐渐产生的。一筐一筐的萝卜在我们面前时，我们数成"1筐、2筐、3筐……"，而一根一根的萝卜在我们面前时，就会"1根、2根、3根……"地数。这里有"数"和"量"的知识：数就是"1、2、3……"这样数"次数"，数了多少次就计成多少。而量就是单位，用来区分说明物品的种类性质。当数和量组合使用时，我们就称之为数量。你看，虽然"1根"和"1筐"包含的萝卜数量不一样，但是在计数时，都是只数了1次，因此它们都可以用"1"来表示。

接着说说“5”

河里一共有5只鸭子。

鸭子排第五。

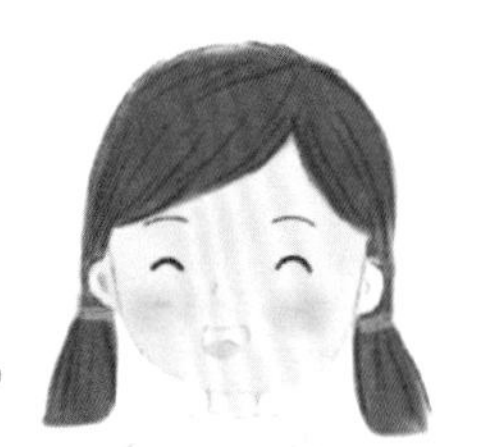

明白了“1”的意义，叮叮、咚咚对“5”又疑惑了：为什么一会儿表示图上所有鸭子，一会儿又指最后那只？

生活中，不但有记录物品多少的需要，也有区分顺序的需要。为此，人们扩展了数的意义，就是基数和序数。基数就是指数量，即被数的物品有“多少”。例如，有5只鸭子，这个“5”就是基数，通常被写成“5”。序数就是表示物体的次序，比如图中紫色帽子小鸭排在这一排左起第5个，这个“5”就是指它在队伍中的顺序。通常我们看到“第几”就是在表示顺序，而看到“3个、5只、9位”这样的说法一般就是指数量的多少。数量的多少不仅可以用来比较，也可以进行运算。当然，也有特殊情况，比如门牌号，通常会省略“第”字而直接说成16号、23号等，这也是在表示顺序。图中两个“5”的意思，你明白了吗?

再说“2”和“4”

对于图中的问题，叮叮说是第2只，咚咚说是第4只，怎么回事呢?

小朋友们平时看书看报的时候都是从左往右看，习惯成自然，我们就会认为从左往右数数也是理所当然的。其实，要让别人确切地知道物体的位置，一要说清方向，也就是前、后、左、右；二要说清楚顺序，即第几个。比如：这只大雁从左往右数是第2只，或者说这只大雁从右往左数是第4只。这样既说清楚了方向，又说清楚了顺序，听的人就非常清楚大雁的位置了。说到这里，老师考考你们：第三小组的同学一字形站成一排，从左往右数，小明在第3个，从右往左数，小明在第4个，你知道第三小组一共有多少人吗?

数字写在左半格

究竟写在左半格
还是右半格？

咚咚在写数字时，和爸爸展开了争论：爸爸说应写在右半格，咚咚却说该写在左半格。到底谁是对的呢？

咚咚的爸爸读小学时，确实是把数字写在右半格，但现在已统一规定写在左半格了。为什么要改呢？最初我们习惯把数字写在右半格，更多的是考虑右半格更像是个位的位置。但后来人们觉得，写在左半格，与我们从左往右的书写顺序更一致。而且，对一年级的小朋友来说，把右半格留出来，如果没写好，可以重写，老师也可以在这里进行示范，因此就进行了调整。当然，之所以只写半格，是因为数字在规范的文档编辑中，一般只占汉字一半的宽度。

了不起的“10”

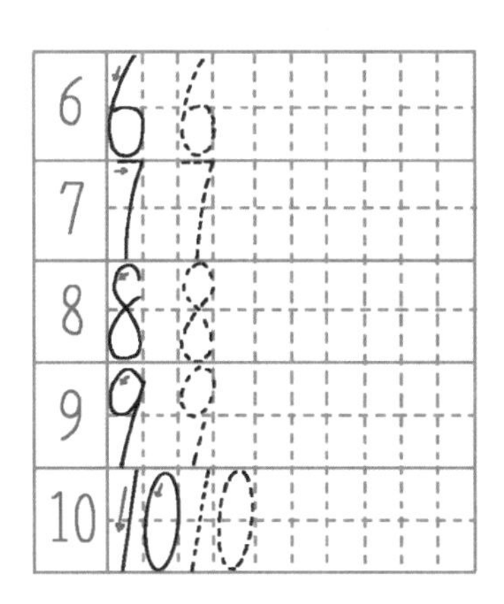

咚咚学习写数时发现：0到9的数字都只占田字格的左半格，但是10就不一样了，要占整个田字格，这个由两个数字组成的数有什么特别之处吗？

原来如此

是的，从9到10，这是人类数学史上一件了不起的大事。在很久很久以前，那时人们还没有发明用符号（数字）来计数。他们要数清有多少只羊，通常都是选择结绳计数或用石头计数，有一只羊就用绳子打一个结，或找一个石子，用这种一个对一个的方法来记录他们有多少只羊。可是随着羊的数量越来越多，绳子不够长，或者寻找石头也越来越不方便，确实需要一些符号来帮助他们记录有多少只羊。后来，古印度人发明了0～9的数字，但他们发现这样做也有问题，如果每增加一只羊就要发明一个数字来记录的话，那比找石子还麻烦。有一天，有人发现，人的双手有10根手指，如果能借助这个身体上的数数工具，那就方便多了。受到这个发现的启发，人们把1和0组合在一起，就变成了一个两位数，这样我们数数和记录数数的结果就更方便了。

初识不简单的“0”

说一说，哪里有“0”？

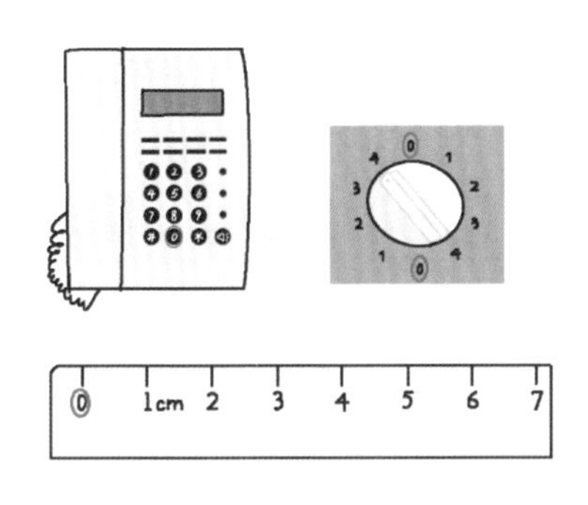

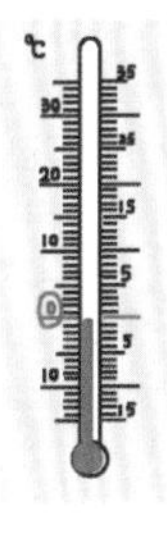

在认识“0”的时候，咚咚觉得很奇怪，既然零表示没有，为什么还要发明“0”呢？

原来如此

我们首先要弄清楚一个问题：“0”是怎么出现的？“0”比“1、2、3……”要晚一千多年产生。上古时代，人们计数是结绳计数，其中包括对彼此时间约定的记录。我们今天所见的日历，那时可没有。如果两个人之间约定3天后见面，他们会各执一根有三个结的绳子，每过一天就解开一个绳结，三个绳结都解开时就表示约定的那天到了。这时，怎么记录约定这一天就很重要了，由于解开了最后一个绳结，绳结就没有了，人们就需要一个比1还靠前的数来记录，从而“0”就诞生了。后来，人们需要记录更大更多的数，便发明了十进制，这时0不仅可以表示开始和没有，还可以表示空位、分界点等。

倒计时里的数学

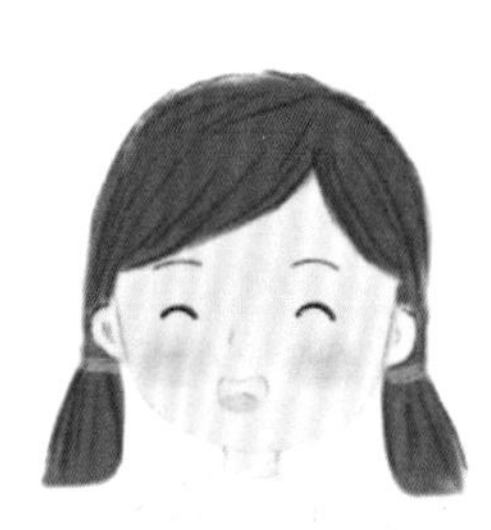

10，9，8，7，6，5，4，3，2，1，发射！小朋友们有没有体验过火箭发射前10秒的激动与兴奋？那么倒计时背后，有没有什么数学道理呢？

原来如此

发射火箭倒计时的方式并不是科学家或数学家想出来的，它其实是一个德国导演想出来的，而且灵感来自一部名字很中国化的科幻电影《月里嫦娥》。拍摄电影时，为了突出火箭发射时迫在眉睫、激动人心的情景，导演想出了倒计时数数的办法。今天我们许多庆祝活动开始前的倒计时，就来源于此。同时，这种办法很符合火箭实验规律和人们的习惯，可以很好地统一各部门的指令，因此，后来世界各国在发射火箭、导弹、飞船和起爆炸弹时，都采用倒计时发射程序，并一直沿用到今天。

加与减

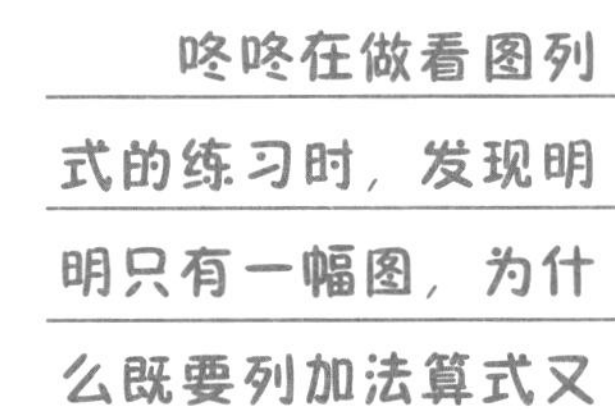

咚咚在做看图列
式的练习时，发现明
明只有一幅图，为什
么既要列加法算式又
要列减法算式呢？

□ + □ = □　　□ + □ = □

□ − □ = □　　□ − □ = □

原来如此

这是老师在有意训练你“二找一”的本领。每幅图，我们都可以分解成三个部分。一部分是总数，它是老大，另外的分别是总数当中的一部分。它们三个总是在捉迷藏，玩的就是“二找一”游戏。如果你忽视总数，就可以通过两个较小的数去找它，这时就要做加法；如果你忽视其中一个较小的数，就通过总数和另一个较小的数去找它，这时就要做减法。为什么说是忽视呢？因为这个阶段，所有的信息都还看得见，但过一段时间，有的部分可就真会躲起来。这也是数学中经常说到的部分数量和总数量之间的关系，它们当中任何一个数躲起来，表示的意思就会有所不同。

连 等

把1,2,3,4,5,6,7,8这8个数分别填入□中。

[1]+[8]=[2]+[7]=[3]+[6]=[4]+[5]

这样的算式是不是很奇怪？为什么这么长？为什么有这么多等号？

原来如此

“=”叫等号。对小朋友来说，一般只知道等号前面表示算式，后面表示结果。但等号最重要的作用，是表示两边相等。在这个阶段的学习中，我们看到“=”一般有这三种情况：5=5，3+2=5，3+2=2+3。也就是数和数相等，算式和数相等，算式和算式相等。具体一点，“=”既表示两个5一样大，也表示“3+2”的答案和5一样大，也表示“3+2”和“2+3”的答案都是5，所以两个算式的结果也是一样大。因此，像上图一样多个答案相等的算式，都可以用“=”进行连接，数学上叫连等。

大小与轻重

叮叮学习完轻重后，一直有一个疑问：有的物品看起来很大，为什么很轻呢？而有的物品看起来很小，为什么却很重呢？

小朋友们有没有发现，我们平时所用的物品除了外表不同，作用不同，其实制作这些物品的材料也是不同的。比如：我们吃饭用的碗是陶瓷做的；铅笔的外壳是木头做的；有的水杯是塑料做的；镜子是玻璃做的；钥匙是金属做的……这些材料的疏密程度不同，所以做成的物品的重量就不同。比如棉花，很蓬松，一大堆你也能搬动；但是铁呢，即便是文具盒那么小一块也是很重的。小朋友们读初中时，将会在物理课里认识密度，一切就更清楚了。现在的你们，可以简单理解成因为材料的疏密程度不同，就算是看起来一样大，也完全可能不一样重。

分组与分类

咚咚学分类时，老师要求将班里的同学分为两类，咚咚将一、二大组的小朋友分为一类，三、四大组的小朋友分为一类，老师说这不合适，咚咚很纳闷，这是为什么呢？

原来如此

要解答咚咚的疑问，我们首先要弄清楚什么是分类。分类是指把同一类的归集在一起，把不同类的区别开。那什么是同一类的呢？一般是指具有相同特征的算一类。比如，我们在超市里买东西，经常看到有食品区域和玩具区域，这就是按物品的用途进行的分类。咚咚的分法只是考虑了人数，认为两组一样多就是分类，显然并不是把具有相同特征的小朋友分在一起，所以不合适。但如果把男生分为一类，女生分为另一类，就是将班里的同学按“性别”这一特征分成了两类。你学会了吗？

8点与8时

咚咚在认识时间时，发现在生活中我们说的时间都是几点，为什么在学习数学时叫作几时呢？

原来如此

人们日常生活中说的“8点”就是数学中的“8时”，那“点”和“时”是怎么产生的呢？在古代，计时单位用更、点，一夜分5更，一更分5点，一点大约是24分钟，一更大约是2小时。这是“点”的由来。后来，我们用钟表盘记录时间，“时”的说法开始通行起来。通常说的“时间”，有“时刻”和“时段”两个意思。时刻是指某一个瞬间，就是具体的一个时间点，生活中更多是用“点”来表示时刻，比如8点、12点。时段是指时间间隔，一段时长，生活中通常用“小时”来表示时段，比如从早上9点到晚上8点这一段的时间，我们通常说经过了11个小时。

列算式

买铅笔

有15支铅笔。

我买9支铅笔。

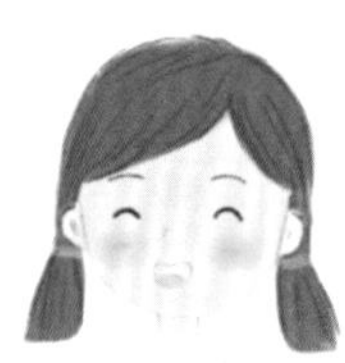

还剩几支铅笔?

叮叮在解决问题“还剩几支铅笔”时，是这样想的：小兔子买了9支铅笔，再加上6支一共就有15支铅笔，所以还剩6支铅笔。因此列式为：9+6=15（支），对吗?

原来如此

好多小朋友都有过这样的思考。15支铅笔分成两个部分：买走的和剩下的。由于数目不大，数一数，我们很容易就得到卖出9支铅笔后，加上6支，合起来刚好15支，于是就有了“9+6=15”这个算式。这种想法是非常符合你们的年龄特征和学习基础的，可是，如果数目增大，我们还会那么容易数出两部分分别是多少吗？还有，从用算术方法解决问题的习惯来讲，等号左边表示的是我们对问题的解决办法，等号右边才是问题的答案。因此，我们在学习中，要主动地从生活经验过渡到数学方法，用数学语言把自己的想法表达得清楚、准确、简洁。

人和椅子相减

每人坐1把椅子，够吗？

还缺几把椅子？

用○表示人，用△表示椅子。

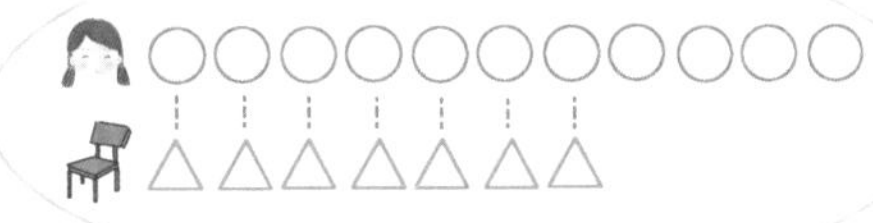

答：还缺____把椅子。

你能列式解决问题吗？下面的列式你同意吗？

$11-7=4$

这一题列出的算式是11－7＝4，“11”表示有11人，“7”表示有7把椅子。单位不相同的两个数不是不能相加减吗？人和椅子相减，行吗？

原来如此

单位不同的数，确实不可以直接相加减。但这里，却可以“用人去减椅子”，因为这中间隐藏了一个数学“转换”过程。算式中的“11”确实本意表示11个人，但一个人需要一把椅子，11个人就需要11把椅子，我们在心里把“11人”转换成“11把椅子”，算式“11－7”的含义实际就是“需要11把椅子，只有7把，求还缺几把椅子”。

当得数跑到了左边

看谁说得多。

□○□=12

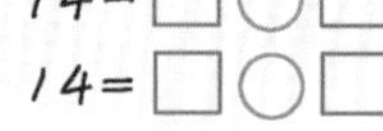

14=1−15

14=2−16

14=3−17

今天课堂上老师布置了这一题，叮叮一会儿就完成了。小朋友们，仔细看看，有问题吗？

原来如此

其实这个错误，很多小朋友在第一次碰到这种题的时候都犯过。我们过去见到的计算题都是算式在左，得数在右。如“15－1＝14”。当得数跑到“＝”的左边以后，算式该怎么写呢？相等是数学中最重要的关系。“＝”所表示的相等，既可以是数的相等，也可以是算式结果的相等。“＝”左右两边是一样大小的，自然也是可以交换位置的。我们可以仔细看看叮叮做的这道题，就是把算式和得数交换了位置。再来看看她的答案“14＝1－15”，“＝”左边是14，右边是算式“1－15”，也就是说，右边算式的答案也要为14。但右边算式是“1－15”，虽然现在的我们还不会算，但显然是错的，应写成“14＝15－1”。

数花生

我的花生比你的多。
不一定吧，数一数才知道。

在“数花生”的数学游戏中，叮叮一个一个地数，咚咚两个两个地数，有的同学是五个五个地数，老师表扬他们都是聪明的孩子。究竟几个几个地数最好呢？

原来如此

可以根据自己的意愿，任意选择数数的方式。无论是一个一个、两个两个、三个三个，还是四个四个……都是可以的。不过，人们在长期生产和生活的数数活动中，渐渐发现有的数法既方便又快速，还不容易出错，比如一个一个地数、两个两个地数、五个五个地数、十个十个地数。其实，我们在数数的同时，在心里也做着加法计算。上面的几种数法，之所以被广泛应用，除了相对简便，我们还发现，它们依次数出来的结果都是有一定规律的，并且这些规律简单明了。熟悉了这些规律，我们数起数来自然是又快又准，不容易出错。

数字与汉字

十位 个位

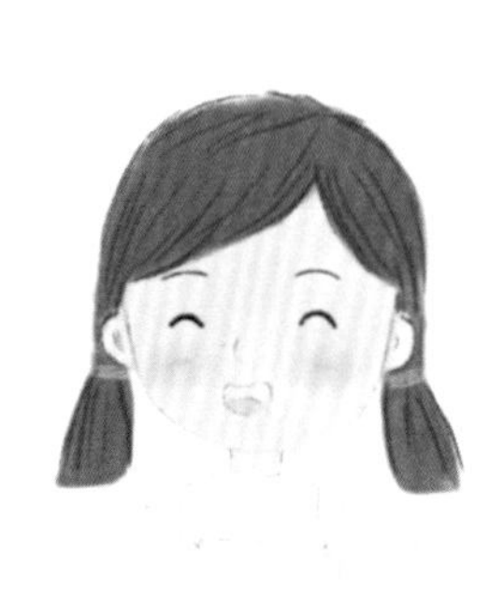

在学习“数的组成”时，叮叮、咚咚感到很迷惑。比如上图，我们说“2个十和6个一是26”，同是表示数，为什么有时用的是阿拉伯数字，有时用的又是汉字？

原来如此

数学中，汉字“十”是一个计数单位，它所在的数位是“十位”，是把“10个”看成了一个整体（如一捆小棒）后得到的“1个十”，所以用汉字来表示。而有多少个“十”，是数出来的，应写数字“2”。汉字“一”是个位的计数单位名称，个位上的一颗珠子就表示1个一，计数器的个位上有6颗珠子，一个一个数，有6个一。所以你发现了吗，什么时候用数字，什么时候用汉字是有严格要求的。再来考考你，345是由（ ）个（ ）、4个十和5个一组成的。相信弄明白了其中数学道理的你一定能准确填出来。

“数位”和“位数”

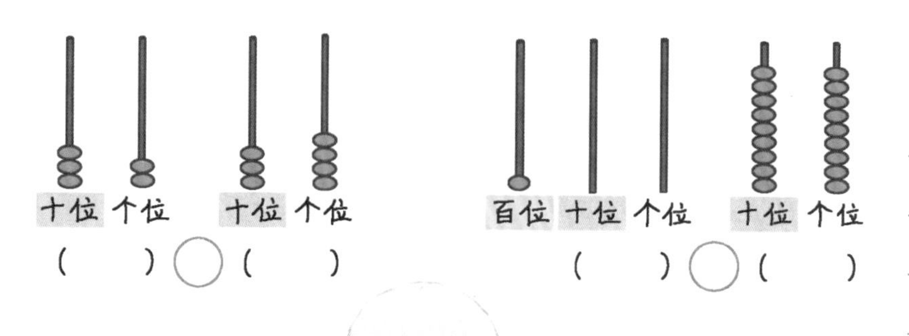

在数的认识中，咚咚接触到“数位”和“位数”这两个看起来很相似的词语，它们有什么区别呢？

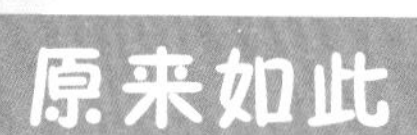

其实，数字宝宝和大家一样，都是有座位的。“数位”表示的是一个数中每个数字宝宝“坐”的位置。比如“98”，数字“8”坐的位置是个位，“9”坐的位置是十位。像个位、十位、百位……这些位置名称统一叫作数位。

而“位数”，是表示一个数中所有数字“坐”的位置的总个数。还是以“98”为例，数字“9”和“8”一共“坐了”两个位置（即有十位和个位两个数位），所以它是两位数。

“多得多”与“多一些”

在进行数的大小比较时，我们经常要进行“多得多”和“多一些”、“少得多”和“少一些”的表达，那究竟多多少才叫“多得多”呢？

说一说，谁最多.

鸡、鸭、鹅相比，鸡最多，鹅最少.

鸡比鹅多得多，鹅比鸡少得多.

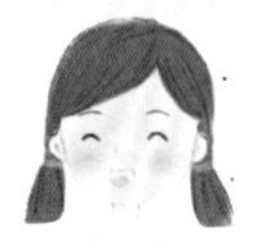

鸡比鸭多一些，鸭比鸡少一些.

原来如此

“多一些、少一些、差不多、多得多、少得多”等说法是数的相对大小关系，要依据具体的情境，通过比较来感知数字之间的距离。

如把“20、46、60”进行比较，20和46的差距相比20和60的差距就要近一些，所以我们可以说“20比46少一些”“20比60少得多”；可如果换成“20、60、139”进行比较，通常又会说“20比60少一些”“20比139少得多”。小朋友们在判断的时候，一定要多观察、多比较、多分析。

长方形的纸

做一做，你能得到哪些图形？认一认。

长方形、正方形这些平面图形都是来自以前学过的立体图形的某一面，叮叮就想：纸不就是这个形状的吗？我们也常说“长方形的纸”，那纸是长方形吗？

平面图形只能从一个方向去观察，因为它没有上面、下面、侧面等，只有一个面；立体图形可以从不同的角度去观察，因为它有很多个面。现实生活中，我们能感触到的都是立体的，通过摸、印、描等方式能感受到“面在体上”。一张纸是现实生活中存在的，我们能显而易见地看见它有上面和下面（正面和反面），有长度、宽度和厚度。虽然一张纸很薄很薄，但再薄的纸其实也是有厚度的，哪怕它的厚度只有1毫米甚至更小，但这个厚度是存在的，是可以测量的，是不能忽略的。虽然平时我们都说“长方形的纸”，但从数学角度来讲，它可是一个标准的长方体。

七巧板背后的三角形

这是七巧板，3号图形是平行四边形。

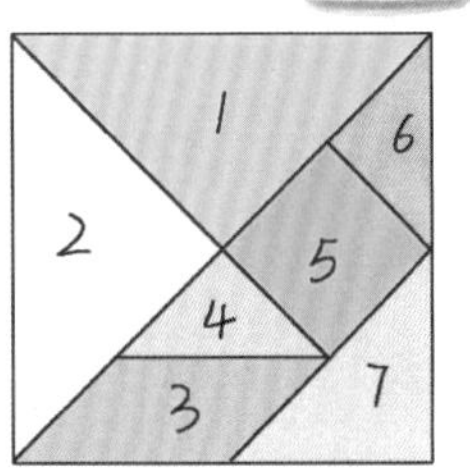

宋朝有个叫黄伯思的人发明了一种桌子，可以根据吃饭人数的不同，把桌子拼成不同的形状，比如3个人拼成三角形，4个人拼成四方形……有意思吧！

后来，这种桌子演变成了一种玩具，它十分巧妙好玩，人们叫它"七巧板"。

七巧板是一个非常有趣的益智学具。关于七巧板，咚咚有一个疑问：组成七巧板的7个图形中，有5个都是三角形，为什么三角形最多呢？

原来如此

一个七巧板可以拼出1600种以上的不同图形，很大的功劳都要归功于七巧板里面的三角形。三角形是一个非常神奇的图形，将三角形与三角形、三角形与其他图形组合，可以得到各种各样的形状。从宋朝的燕几图到明朝的蝶翅几，再到清初的现代七巧板，都以三角形为主。因为2个完全一样的三角形不仅可以组成长方形、正方形、三角形和平行四边形等规则图形，还能组成很多其他不规则的图形。如果增加三角形的数量，你会发现，还能组成更多的图形。正是因为三角形的这个特点，才使得七巧板变得如此有趣。

从个位算起

认一认，算一算。

十位	个位
3	6
+ 2	3
	9

十位	个位
3	6
+ 2	3
5	9

学习竖式计算啦！

叮叮发现原本很复杂又很容易出错的算式，用竖式计算后一下就变得简单了。在练习时，她先算的十位$3+2=5$，再算的个位$6+3=9$，老师却说她的计算顺序错了，应该先从个位算起。明明答案都是一样的，为什么非要从个位算起呢？

我们看书写字都是“从左到右”，数学中读数字、写数字也是如此，但为何加法竖式就反过来了呢？其实，也可以“从左到右”进行竖式计算，先算十位，再算个位，就像叮叮做的这道题，无论是先算十位还是先算个位，计算结果都是一样的，甚至在估算的时候，我们都会选择从高位开始。老师之所以要求叮叮“从个位算起”，是在为后面的进位加法做准备，到那时，这个问题自然就不是问题了。

9的秘密

所有的两位数，像这样交换减下去，结果都是9吗？

每个人都有小秘密，数也不例外。9在古代被称为“天数”，它的秘密可不少。说起9，你想到了什么？九个人、九朵花、九九八十一……叮叮和咚咚有新发现，他们把有些两位数的个位和十位交换位置，再用大数减去小数，一直这样减下去，神奇的事发生了，最终结果总是9。

原来如此

这是怎么回事呢？我们可以举例试一试。比如：81，个位和十位交换位置变成18，81-18=63。再把63的个位和十位交换位置变成36，63-36=27。再交换，再减，72-27=45，54-45=9。81是9的9倍，会不会太特别了呢？我们换一个不是9的倍数的数试试，比如17，得到了第二组：71-17=54，54-45=9。

照这样，所有两位数都能相减得到9吗？你可以自己再举几个例子验证一下。你会发现，只要数位上的数字不同，数字交换相减，再用它们的差反复相减，最终结果都是9。神奇的背后，一定有规律。等到以后我们学了“用字母表示数”，就可以非常严谨地证明这一规律。

人民币的面额

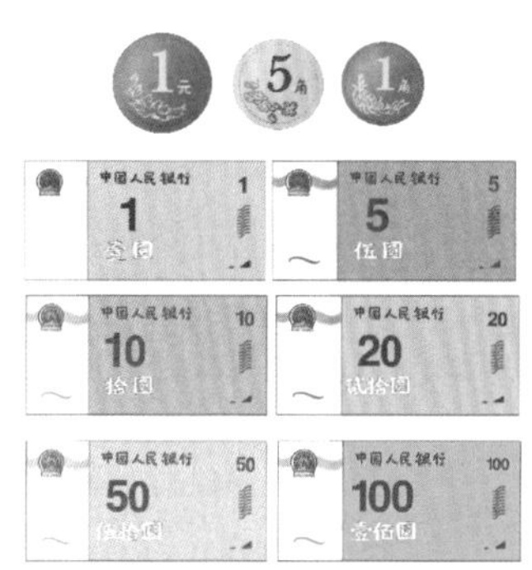

叮叮在学习使用人民币时，发现了一个问题：人民币只有1、2、5、10这些面值，而且大面额里也只有20、50、100这样的面值。为什么没有3、4、7这样的面值呢？

原来如此

这可不是一个简单的数学问题，很多成年人也没弄明白。不仅仅是人民币，所有的货币都要在制板、防伪、印刷、发行等多方面花费人力、物力、财力，这就要求货币种类尽量少，从而降低成本。同时，货币流通时有一个重要的原则就是方便，这既要求人民币面值种类尽量少，但又能满足人民生活需要。怎么办呢？其实，在1～10这10个自然数里，有“重要数”和“非重要数”之分。1、2、5、10就是重要数，用这几个数就能以最少的加减组成另一些数，如1+2=3、2+2=4、1+5=6、2+5=7、10−2=8、10−1=9。因此，利用1、2、5、10元的面值，可以在两张之内就组成1～9元的数字，而如果将4个“重要数”中的任何一个数用“非重要数”代替，那么将出现有的数要两次以上的加减才能组成的现象。

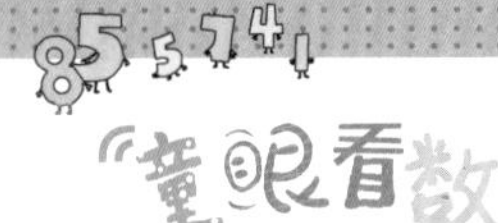

乘和乘以

咚咚最近在学习乘法，知道算式“2×4”读作“2乘4”。回到家，爸爸说他读错了，应该读“2乘以4”或“4乘2”，这到底是怎么回事呢？

原来如此

其实，爸爸妈妈的读法和我们的读法都没有错。随着时代的进步，在不产生歧义的前提下，我们的数学一直在向着简洁明了这个方向改进。以前的课本在教学“乘法初步认识”时，特别强调要用相同加数作被乘数，相同加数的个数作乘数。同时要求书写时要把被乘数写在乘号前，乘数写在乘号后，因此就产生了两种读法：乘和乘以。并且这两种读法的意义完全不一样，被乘数读在前用“乘以”，乘数读在前则用“乘”。听起来很像绕口令对不对？从2001年起，全日制义务教育数学课程标准取消了“被乘数”和“乘数”的说法，统称“乘数”，并且不强调两个数的位置关系。小朋友，读到这里，你是不是对爸爸妈妈充满了同情？哈哈，不再区分乘数和被乘数，确实让我们的学习方便多了。

看图写算式

(1) 一共有多少人？　　(2) 一共有多少瓶？

加法算式：4+4+4=12(人)　　加法算式：7+7+7+7=28(瓶)　4+4+4+4+4+4+4=28(瓶)

乘法算式：4×3=12(人)或3×4=12(人)　　乘法算式：4×7=28(瓶)或7×4=28(瓶)

看图写算式，本是叮叮的拿手好戏，但是她把左、右两幅图放在一起后，就有些糊涂了：为什么左图只能写出一个加法算式，而右图却可以写出两个不同的加法算式呢？

原来如此

我们一起来看看。左图中，我们看到的信息是：小朋友们在玩3种游戏，每1种游戏有4个小朋友，也就是求3个4的和是多少？所以可以列加法算式：4+4+4=12（人），或者列乘法算式：3×4=12（人）或4×3=12（人）。

那为什么右图可以列出2种加法算式呢？因为右图既可以横看又可以竖看。横看是4个7的和，加法算式：7+7+7+7=28（瓶）；竖看是7个4的和，加法算式：4+4+4+4+4+4+4=28（瓶）。像右图这样可以从两个方向去看，每一份都是同样多的，当然就可以列出两种加法算式了。

看图写算式，就是用数学方法把图中的信息表达出来，只要“式”能正确表达“图”，就是可以的。具体用哪个“式”，取决于我们看图的角度。第一幅的观察角度比较固定，所以一般只用一种加法算式；第二幅的观察角度是可以选择的，如果从两个方向去观察每份数和每份数的个数，就可以写出两种不同的加法算式了。

从厘米学起

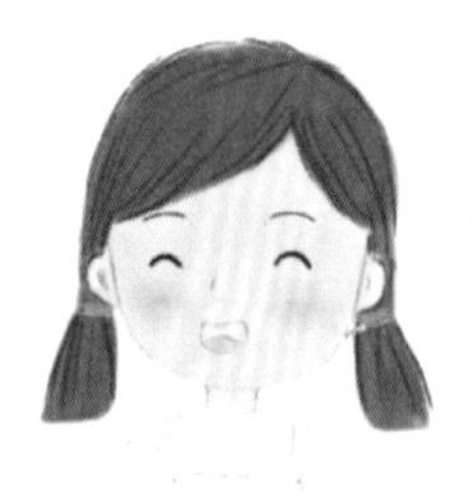

我们学了厘米，我也会用厘米尺测物体长度了，爸爸，你知道还有哪些长度单位呢？

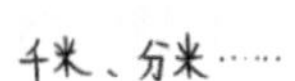

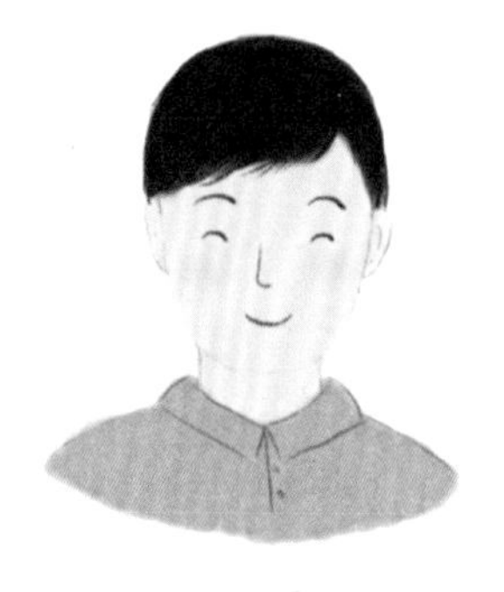

叮叮学习了测量，和爸爸讨论起测量单位的话题。爸爸说，除了厘米，测量单位这个大家族里还有千米、分米、毫米、米等。叮叮有问题了：既然度量物体长度的单位有这么多，为什么我们偏偏是从厘米开始学习呢？这里面藏着什么秘密吗？

原来如此

测量长度的本质是用“小线段”去量“大线段”，看“大线段”里有多少个“小线段”。而“小线段”就是指的长度单位。为什么要选择从“厘米”开始学呢？其实还是与同学们的身心特征和学习规律有关。

对于二年级的小朋友来讲，我们接触得较多的物品都是“不大不小”的，用厘米来度量比较合适。另外，我们手指甲的宽度、一节手指的长度都与1厘米接近，这有利于我们更好地认识1厘米。因此，从厘米学起，不仅与我们的生活经验有关，还与知识的前后联系有关。我们先认识了1厘米有多长，再来认识米、分米等就容易多了。

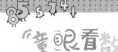

不同的尺子

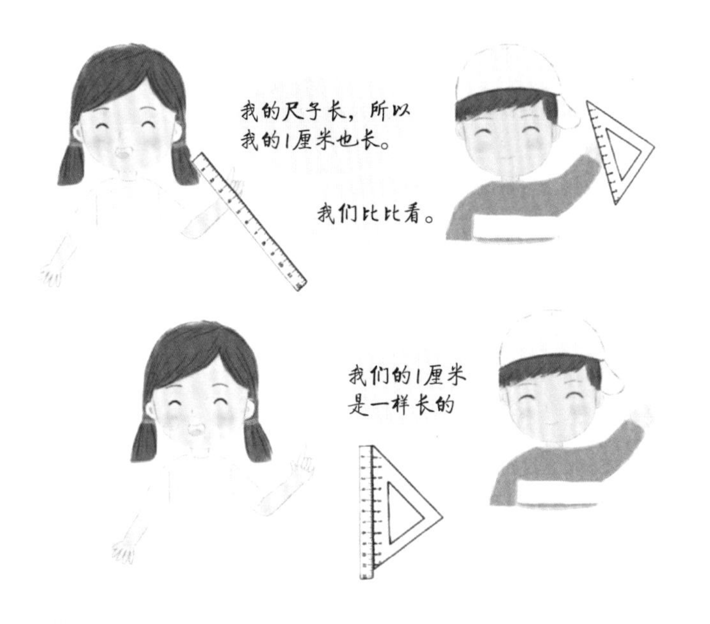
我的尺子长，所以
我的1厘米也长。
我们比比看。
我们的1厘米
是一样长的

叮叮和咚咚对测量的知识很感兴趣，今天要学习用尺子测量物体长度。叮叮早早准备好了卡通图案的直尺，咚咚准备了三角尺，班上的同学也都准备好了各式各样的直尺。叮叮有了疑问：大家的尺子都不一样，那我们测出的长度是不是一样的呢？

原来如此

我们使用尺子测量物体长度，主要观察上面的刻度和数，与尺子本身的材质、长短、样式是没有关系的。我们平常用的尺子也叫作刻度尺。虽然尺子的样子不一样，但是上面的“单位长度”都是相同的。正是因为刻度尺统一了测量标准，测量同一物体的长度，测量结果都是一样的。在测量的发展过程中，不同地区、不同国家会有不同的标准，比如我们中国，就有里、丈、尺、寸、仞、扶、咫、跬、步、常、矢、筵、几、轨、雉、毫、厘等单位，而外国则有哩、码、尺、吋等单位。但随着国与国之间交流沟通的需要，出现了国际单位。在1889年第一届国际计量大会上，确定用“米”作为长度的标准单位，到1960年，对“米”的长度又进行了更精确、统一的规定。当然，因为测量工具本身就不可能绝对的精确，再加上测量者、外界条件等原因，所以测量结果允许有一定的误差。

拃的认识

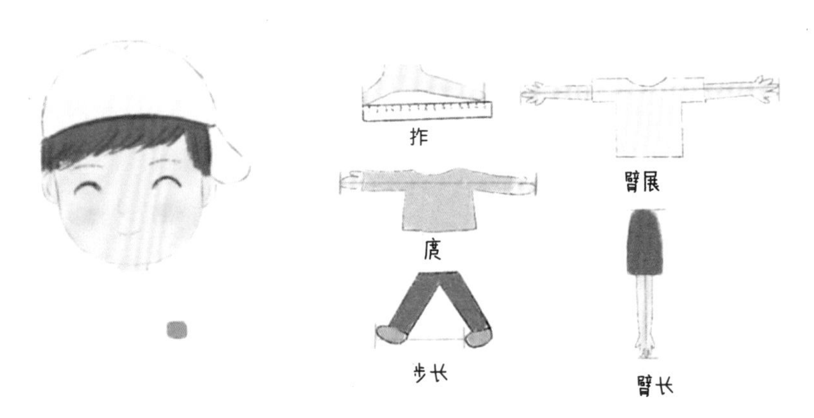

咚咚在学习完厘米和米的知识后，习题中出现了“拃”这个字。他请教了黄老师，知道这个字念zhǎ，也知道一拃的长度是张开的大拇指到中指之间的距离。自己的手也可以当测量工具，真有意思。他很好奇，还有跟“拃”类似的估测工具吗？

原来如此

在没有统一长度单位的时候，人们常常采用拃、步长、庹（tuǒ）等作为测量工具。

拃，表示张开的大拇指和中指或小指两端间的距离；庹，成人两臂左右平伸时两手之间的距离，约合5尺；步长，前脚尖到后脚尖之间的距离；臂展，水平张开双臂，两手中指尖间的距离，普通人的臂展约等于身高；臂长，臂下垂贴附身体两侧，自锁骨顶端至中指指尖之间的距离。

看，聪明的古人就地取材，在自己身上找到了这么多测量工具。史书记载，远古时期，中国人便“布手知尺”“举足为跬”“身高为丈”了，这里面的“尺、跬、丈”都是长度单位。不同的人身体部位的长度是不一样的，所以才有了后来统一的测量单位和测量工具。现在，用你的尺子，量一量你的一拃、一个步长、一个臂展和一个臂长分别是多少，再和爸爸妈妈的比一比吧！

特别的“倍”

画一画，圈一圈，认一认。
6里面有2个3。
6是3的2倍。
6÷3=2
数是数的2倍
画一画，圈一圈，填一填。
8÷2=4
数是数的4倍

学习了“倍”以后，叮叮在计算结果后写上“倍”作单位。但黄老师却说“倍”不是单位名称，这是怎么回事呢？

我们首先要弄明白什么叫单位。单位是指数学方面或物理方面计量事物的标准量的名称，如米、千克、只等。而“倍”是“几份”与“1份”的关系。“倍”虽然像量词，但是和单位量词“个”“元”“厘米”等相比，是没有现实意义的。因此，在解决问题时，“倍”字只写在答语中，不能写在算式的后面作单位。

九九乘法表

九九口诀表

1x1=1								
1x2=2	2x2=4							
1x3=3	2x3=6	3x3=9						
1x4=4	2x4=8	3x4=12	4x4=16					
1x5=5	2x5=10	3x5=15	4x5=20	5x5=25				
1x6=6	2x6=12	3x6=18	4x6=24	5x6=30	6x6=36			
1x7=7	2x7=14	3x7=21	4x7=28	5x7=35	6x7=42	7x7=49		
1x8=8	2x8=16	3x8=24	4x8=32	5x8=40	6x8=48	7x8=56	8x8=64	
1x9=9	2x9=18	3x9=27	4x9=36	5x9=45	6x9=54	7x9=63	8x9=72	9x9=81

叮叮和咚咚背乘法口诀，背到九九八十一，脑中有个疑问：为什么乘法口诀只编到9，就没有继续往下编了呢？

原来如此

九九乘法口诀是中国古代的发明，至今已有两千多年。背诵九九乘法表是每位同学小学阶段必过的关卡。的确，有了乘法口诀的帮忙，让我们的计算变得又快又准。既然如此，为什么乘法口诀编到9就没有继续编下去了呢？

我们先看看比9更大的数。比如“30×4”，我们只需将30看成3个十，背口诀：三四十二即可。那21×3，怎么算呢？把21拆开，看成2个十和1个一，分别乘3，用两句口诀，一三得三，二三得六，两句口诀就可算出结果。三位数、四位数等的乘法以此类推。那更小的数呢？比如0.2×4，同学们，你将使用哪句口诀呢？数学让复杂的事变简单，任何乘法计算问题，1～9的乘法口诀都能轻松搞定。

运算符号

6+8=14　　12-5=7　　6×7=42　　42÷6=7

7+7=14　　12-6=6　　7×6=42　　42÷7=6

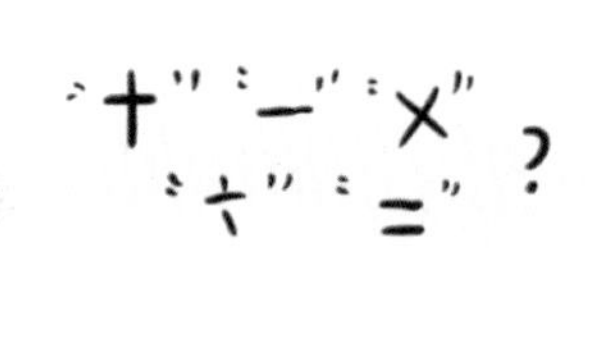

咚咚学习了加减乘除法，他对“+”“-”“×”“÷”的由来很感兴趣，于是一个人跑到图书馆里查阅了资料，却没有找到答案，我们一起来帮帮他吧。

四则运算很早就出现了。一些钟表上的数字6，被写成罗马数字Ⅵ，其实是5加1的意思。那黄老师考考你，罗马数字Ⅳ是几呢？没错，就是4，即5减1的意思。罗马数字是最早的数字表示方式，比现在流行的阿拉伯数字早 2000 多年。罗马数字是由古罗马人发明的。

在中国古代，四则运算也出现得较早。战国时代的李悝编写的《法经》中，就有加、减、乘、除等运算。四则运算符号是从15世纪才开始逐渐使用的。“+”号、“-”号是德国数学家魏德曼在公元15世纪首创的，“×”号是在17世纪由英国数学家欧德莱最先使用的。因为乘法是一种特殊的加法，欧德莱把加号斜过来写，用来表示乘。而“÷”号是在17世纪由瑞士人拉恩首创的。

"1和0"的争吵

最小的一位数是1还是0？

叮叮和咚咚对到底谁是最小的一位数争执不下，叮叮认为1是最小的一位数，咚咚认为0才是最小的一位数。双方让妈妈做裁判，妈妈也找不到说服两人的方法，到底谁才是最小的一位数呢？

原来如此

咚咚坚持0才是最小的一位数，他认为0是一年级学的最小整数，只有一个数字，所以是最小的一位数。叮叮认为1是最小的一位数，她认为0表示什么都没有。既然什么都没有，那就不用管了嘛，所以1才是最小的一位数。

数，是数出来的。比如，25可以数出2个十，5个一。假设0是一位数，那是0个几呢？对于一位数来说，它的最高位是个位，根据最高位不应为0的规定，最小的一位数是1，而不是0。0虽然是最小的自然数，但我们不称其为一位数。

余数

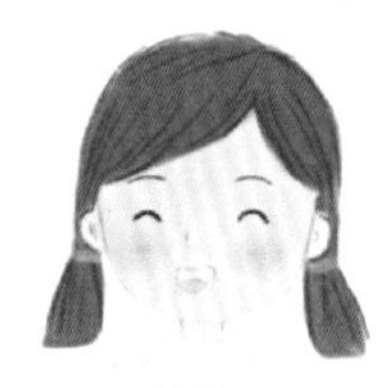

当认识了新朋友“余数”后，叮叮和咚咚产生了争论。叮叮说：“余数不能为0，因为余数是剩下的数，0表示没有，都没有了就不能说它是余数。”咚咚说：“竖式中横线下面的数就表示每次分剩下的，0当然也应叫余数。”余数能为0吗？

原来如此

这主要还是生活语言与数学语言之间的差异。想想看，“没有剩余的除法”和“没有余数的除法”是一回事吗？余数产生于现实生活中在平均分物品时出现了剩余。我们祖先从分野兔、分桃子的过程中，就已发现存在刚好分完和有剩余这两种情况，后来，人们就把这种现象抽象成除法算式里的余数。在这种情况下，“余数不为0”更贴近实际生活。但在数学里，有一个重要概念叫“整除”，我们又习惯于说，余数为0，是整除，不为0，就不是整除。这是因为，如果把0也作为余数，那所有的除法算式都可以归为一类，所有除法算式都可表达为“被除数=除数×商+余数”，这样更有利于我们数学地思考与表达。但鉴于我们现在在小学阶段着重于数学与生活的紧密联系，重点在研究“平均分得有无剩余”，所以我们都习惯于说0不是余数。当我们遇上疑问时，得到一个准确的答案很重要，但重要的是应该学会通过讨论与探究，从不同角度去思考问题，从而对数学的本质有更清楚的认识。

长方形与正方形

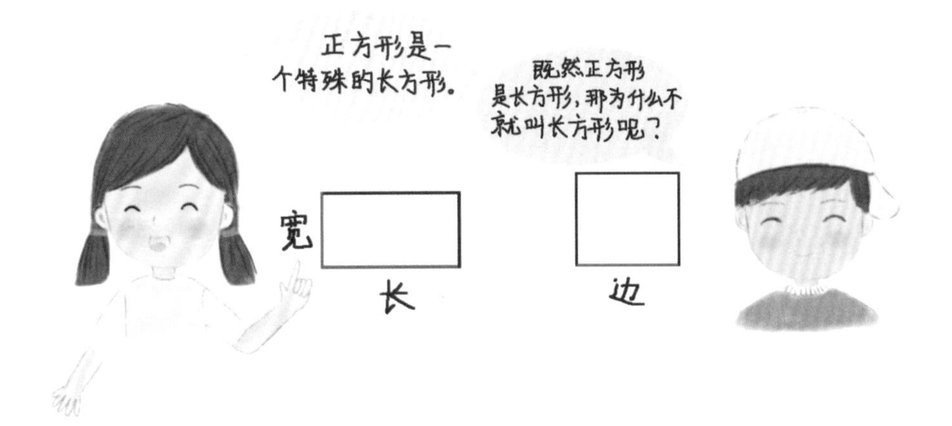
正方形是一
个特殊的长方形。
既然正方形
是长方形，那为什么不
就叫长方形呢？
宽
长
边

既然正方形是一个特殊的长方形，那为什么我们在生活中又要分得那么清楚呢？

原来如此

对边相等，四个角都是直角的四边形叫作长方形。四条边都相等的长方形叫作正方形。由此可见，正方形确实是长方形。但为什么同学们会纠结呢？这就是生活与数学的不同了。由于用途、视觉效果等因素，我们在生活中是把长方形和正方形当成两种图形的。比如，一张正方形的茶几和一张长方形的条桌放在一起，一般是不会说这个茶几是长方形的。包括我们现在开始学习长方形和正方形的时候，也会让大家从一堆图形中分辨哪一个是正方形，哪一个是长方形。因此，当我们要把长方形中特殊的一类区分出来时，我们可以把正方形和长方形当成两种图形，而我们在研究长方形的几何特征时，就应把正方形当成一个特殊的长方形。

顺时针

奥运开幕

北京时间2008年8月8日晚8时08分，北京奥运会在国家体育场开幕。

叮叮在认识钟面时，产生了一个疑问：钟面上的数字如果按"上—左—下—右—上"的方向排列，时针、分针、秒针也按这个方向旋转运动，能计时吗？

原来如此

如果仅仅是计时，也是可以的。在钟表发明之前，人们使用日晷来记录时间：把一根木棍插在一个圆盘上，在阳光的照射下，木棍的影子落在圆盘上，随着太阳移动，影子的位置也跟着变化。后来，人们在日晷的基础上发明了钟表。日晷最早在北半球使用，其阴影是自西向东，即从左往右旋转。所以钟表的设计也沿用了这一特征，把这样的运动方向规定为顺时针方向。还有，指针不动，表盘旋转也是可以计时的，但因为考虑钟表的动力问题，大部分钟表都设计成表盘不动，时针、分针、秒针转动。

指着“北”方的指南针

指南针是我国古代四大发明之一。指南针的指针一般被涂成了一头红色，一头蓝色。使用指南针时我们看的是红色箭头，但是红色箭头指的方向却是地球的北方。叮叮有问题了：明明指着北方，那为什么不叫指北针呢？

原来如此

古代人一般是通过北极星来分辨方向的。但是，白天呢？没有星星的晚上呢？于是，祖先们发明了司南。司南的形状像个大勺子，勺柄永远指向南方，是货真价实的“指南”。后来，在司南的基础上发展起来的指南针，因为指针两端形状完全一样了，为了引人注意，人们就把北方端涂成红色。确定了“北”，也就能找到“南”，异曲同工，人们也就没有再改名字了。还有人说，古代指南针不被称为指北针，是由于当时“面南为尊，面北为卑”的观念。就连皇帝都是坐北朝南，正屋的门窗都向南开，图个吉利吧。哈哈，看来，这又是一个有意思的“约定俗成”。

“东北”与“北东”

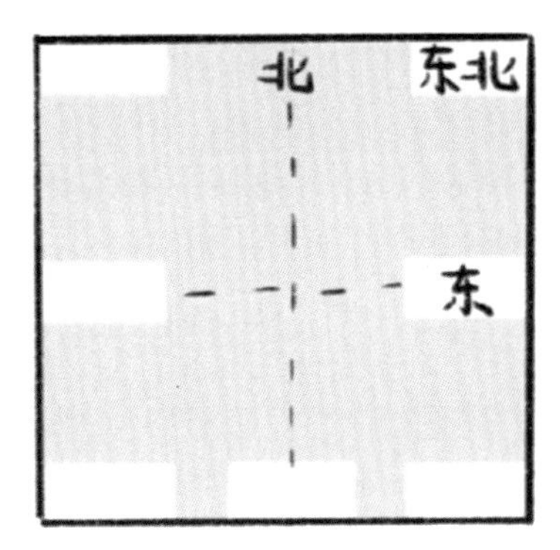

叮叮在学习这节课时有一个疑问：东和北中间的方向为什么叫东北，而不叫北东呢？

原来如此

狭义地说，东北方向是指介于正东和正北之间45°方向，其实是一条直角平分线所指的方向。广义地说，东北方向是指在正东和正北之间所有的方向，并不是一个确切的方向。等以后我们学习了角的度量，会知道一个直角是90°。东偏北45°（或北偏东45°）就是指东和北正中间的方向，就叫东北方向。在东和北之间的其他方向称为东偏北多少度或北偏东多少度。

那为什么处在东与北正中的方向叫“东北”而不叫“北东”呢？哈哈，老师告诉你，中文叫东北，英文还真叫北东。这与各自国家的人文地理有关。中国自古是大河向东流，东西走向居多，南北是后来有了运河才顺畅的，所以我们以东西为主方向。而欧洲，特别是法国、德国，还有英语系的祖宗萨克逊人的居住区，河流南北走向的居多，所以他们以南北为主方向。这一刻，你是不是觉得，一追问“为什么”，就会有更多收获？

伟大的十进制

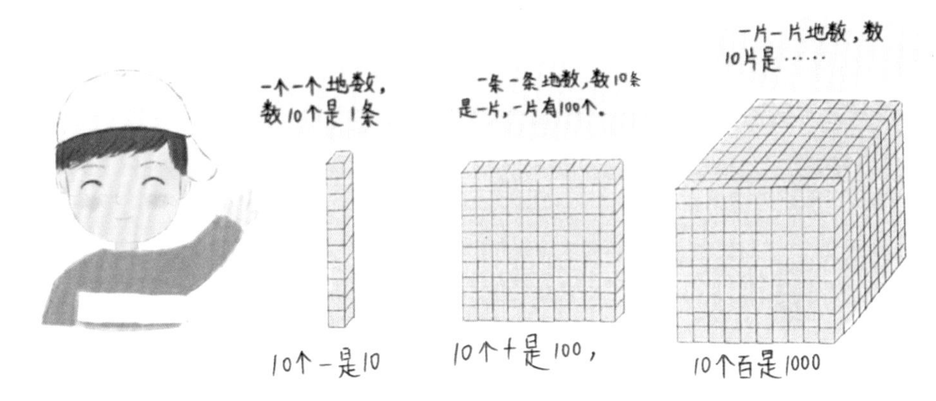
一个一个地数，
数10个是1条
一条一条地数，数10条
是一片，一片有100个。
一片一片地数，数
10片是……
10个一是10
10个十是100，
10个百是1000

学习了这节课，咚咚说："我现在知道了10个一是10，10个十是100，10个百是1000，满十进一，老师说在计数方面我们采用的是十进制，为什么我们要采用十进制呢？"

原来如此

除了十进制以外，在数学萌芽的早期，还出现过五进制、二进制、三进制、七进制、八进制、十六进制、二十进制、六十进制等多种数字进制法。但在长期的实际生活应用中，十进制最终占了上风。原因嘛，真不容易说清楚，但有这么一种说法，相当有意思：源于我们随身携带的天然工具——十根手指。采用十进制就可以最大化地利用这个工具了。当数量较少时，可以用"扳手指"的方式记忆事物数量；当事物数量增多时，十个指头不够用了，人们就想出来逢十进位的方式来解决。同样，其他的进制，如二进制用0和1做记录，产生的原因与电流的"通""断"也有密切联系。可见，任何进制的产生都有其实际的背景和价值。

计数单位知多少

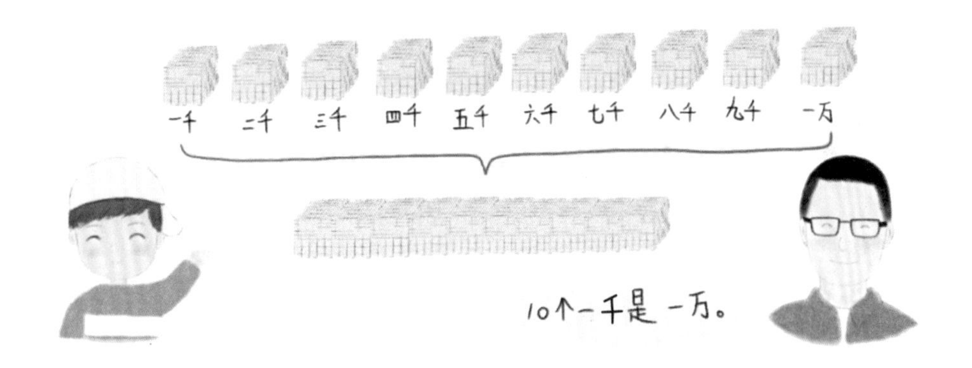

咚咚在学习计数单位时，发现了一个问题：10个一千是一万，那还有比一万更大的计数单位吗？

当以万作为计数单位还不能满足我们的生活需要时，就还得有比万更大的计数单位。我们按照十进制计数法规定：10个一万是十万，10个十万是一百万，10个一百万是一千万，10个一千万是一亿……也就是说，比万更大的计数单位还有十万、百万、千万、亿……

我国古代文献《孙子算经》中记载："凡大数之法，万万曰亿，万万亿曰兆，万万兆曰京，万万京曰垓，万万垓曰秭，万万秭曰穰，万万穰曰沟，万万沟曰涧，万万涧曰正，万万正曰载。"也就是说，古时候的人们就创造了比万更大的计数单位，来满足表示大数的生活需求。由小到大依次为一（个）、十、百、千、万、亿、兆、京、垓、秭、穰、沟、涧、正、载、极、恒河沙、阿僧祇、那由他、不可思议、无量等大数。

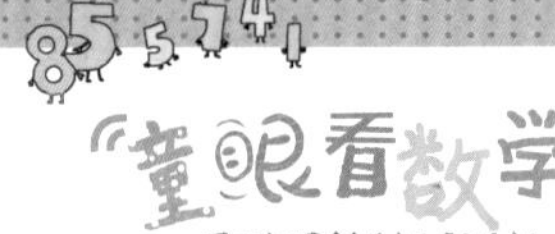

十米和百米到哪儿去了

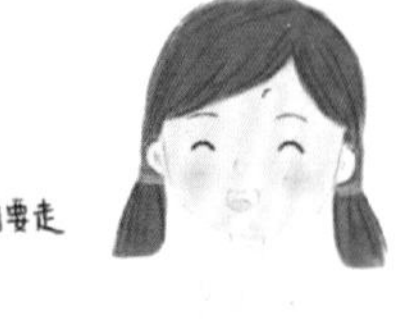
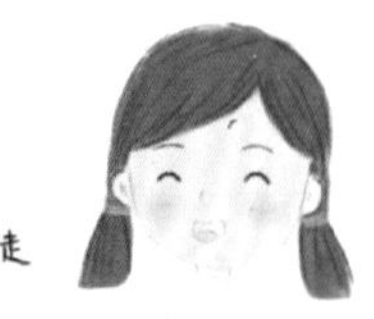

在表示较远的距离
时，用“千米(km)”作单位。
1千米=1000米

叮叮在学习长度单位进率时，发现了一个问题：相邻长度单位毫米、厘米、分米、米之间的进率都是10，为什么米到千米的进率就是1000了呢？

原来如此

为了方便不同长度单位之间的换算，我们采用的是十进制计数法，规定每两个相邻长度单位之间的进率都是10。米和千米并不是相邻的长度单位，它们之间还有长度单位十米、百米。也就是说，1千米=10百米=100十米=1000米，只是十米、百米不常用，后来就干脆省掉了，直接用1千米=1000米。

在长度单位中，米是主单位，十米、百米、千米是它的倍数单位，分米、厘米、毫米是它的分数单位。如下图：

毫米 ← 厘米 ← 分米 ← 米 → 十米 → 百米 → 千米

÷10　÷10　÷10　×10　×10　×10

其实，我们看看这些单位名称，特别有意思。分米，把米平均分成十份的结果；厘米，米的百分之一；毫米，米的千分之一……

角的大小

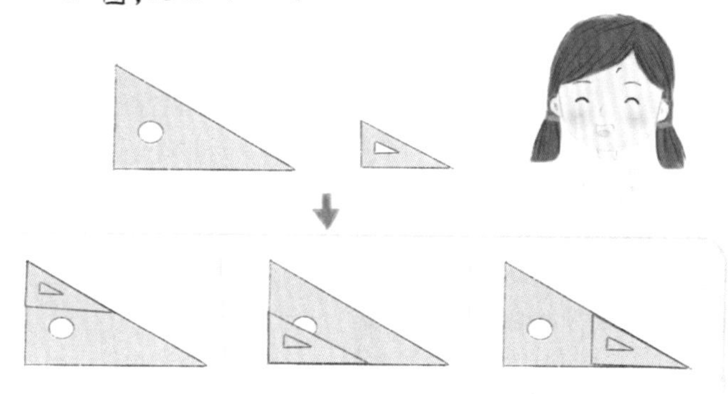

如图，比较两个三角板的角的大小，你发现了什么？

叮叮在学习角的知识时，产生了一个疑问：两个形状相同的三角板，看上去大小相差这么大，三个角也应该相差很大啊，为什么分别重叠三个对应的角，却发现角的大小一样呢？

我们用重叠的方法比较两个对应的角的大小：顶点对齐，一条边重合，另一条边也重合了，说明两个角的张口一样大。三角形的两条边是两条射线，是无限长的，也就是说，角的大小与边的长短无关，角的张口大小才是决定这个角大小的关键。两个形状相同的三角板，对应角的张口一样，角的大小就一样。到了初中，我们会对角进行静态定义：具有公共端点的两条射线组成的图形叫作角。到了高中，我们对角进行动态定义：一条射线绕着它的端点从一个位置旋转到另一个位置所形成的图形叫作角。你看，特别是高中的解释，是不是很好地回答了你的疑问？

钟面的学问

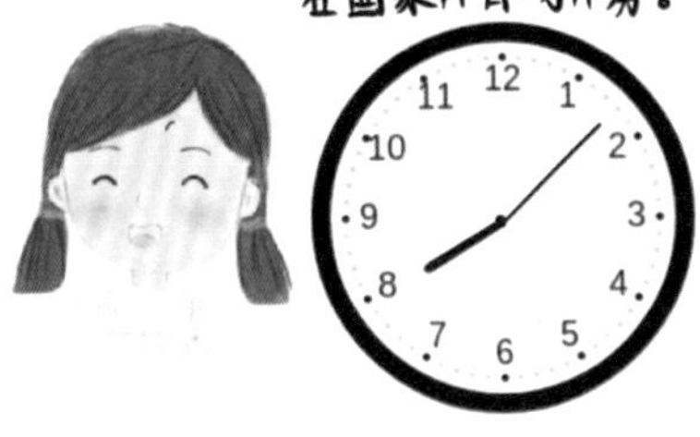
奥运开幕
北京时间2008年8月8日晚8时08分，北京奥运会在国家体育场开幕。
12
1
2
3
4
5
6
7
8
9
10
11

叮叮在认钟表时，发现了一个问题，一天有24个小时，为什么我们的钟表上只有12个数呢，不是应该有24个数吗？

原来如此

其实老式的机械钟表里确实有24小时制的时钟。但是这种钟表，每一小时的刻度太小，表针行走时产生的机械误差大，看表的人产生的视觉误差也大，所以逐渐地就被淘汰了。那为什么现在的钟表上只有12个数呢？现在的钟表采用了12时计时法，把一天的24时划分为2个12时：从0时到12时记作第一个12时，从12时到24时记作第二个12时。再把每个大格平均分成5个小格，刚好得到60个小格，分针转一圈为60分钟也很好地体现出来了。认几时，就看时针指哪个大格，而认几分、几秒，就看分针、秒针分别指哪个小格。这样的设计，既降低了钟面的制作难度，又便于准确地认读时间。

时和分的关系

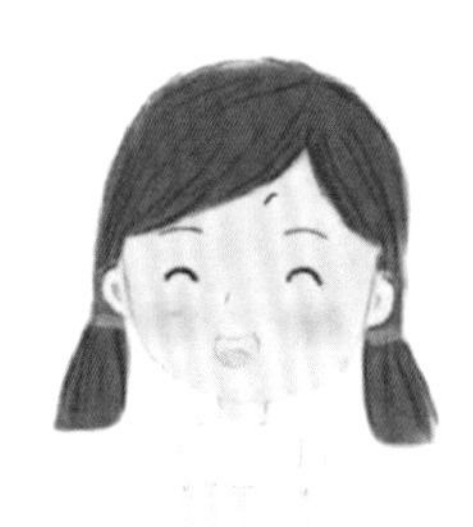

时、分、秒之间的关系。

钟面上有___个大格，___个小格。

时针走1大格是___时。

分针走1小格是___分，走1大格是___分。

时针走1大格，分针正好走___圈。

1时=___分

叮叮在认识钟面时，产生一个疑惑：计数都采用十进制，10个一是十，10个十是一百。但为什么时间单位中的时、分要规定为“1时=60分”呢？

随着生产力水平的不断提高，人们对计时的需要越来越精准。“公鸡打鸣”“太阳高度”“更夫报时”这样的计时方式已没法适应生产劳动了，于是引入了分钟。那为什么选择了1时=60分呢？这就要从60这个数说起了。60这个数比较特别，它可以看成很多种相同加数的和，比如2个30，3个20，4个15，5个12，6个10，60个1。规定1时=60分，那1时就可以拆成多种不同的时间长度：2个30分，3个20分，4个15分，5个12分，6个10分，60个1分。60也是可同时被1~6整除的最小的数字。在我国的农历中，把天干与地支经一定组合方式，搭配成60对，为一个周期，这也可能是这个问题的起源。在巴比伦文化中，也是使用的60进制，同学们可以自己去查阅资料，你就会知道得更多。

调查与记录

评选吉祥物

把全班同学最喜欢的动物作为吉祥物。

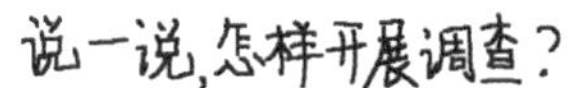

说一说，怎样开展调查？

叮叮和咚咚花了10分钟的时间把班上同学喜欢的动物进行了统计，两人心中都产生了这样一个疑问：如果要在全校或全市评选吉祥物，又该怎么开展调查呢？也需要这样每个人问一遍吗？

原来如此

在统计调查活动中，数据的收集方法有全面调查和抽样调查两种。为了一定目的，考察全体对象的调查方法称为全面调查；只抽取全体中一部分对象进行调查，再根据调查数据推算或估计全体对象的情况的调查方法称为抽样调查。像上面那样，在班里评选吉祥物，把要调查的每一个同学都考察一遍，就是全面调查。如果要在全校评选吉祥物，我们可以采用抽样调查。全校人数比较多，我们每个年级只随机抽1个或2个班像上面那样进行调查。对比全面调查和抽样调查，它们各有优缺点。全面调查：收集到的数据全面、准确，但有时调查对象数目较大就会增加工作量，而且有些调查不适宜用全面调查，例如调查成都市市民一年所丢塑料袋情况。抽样调查：调查范围小、花费少、省时，但是收集到的数据不全面，调查结果不如全面调查的结果准确。

中段

Middle Grades

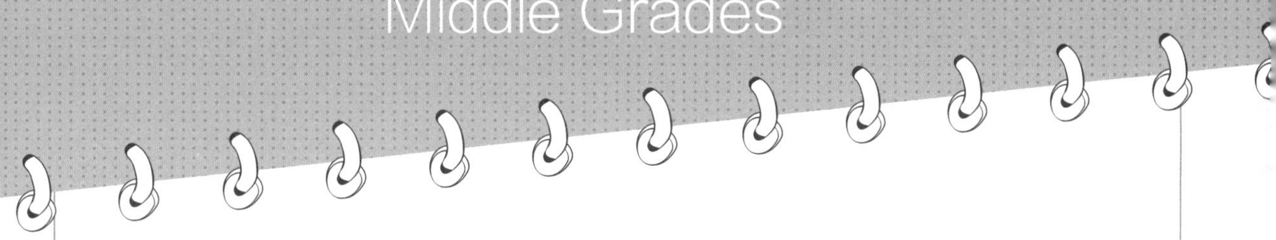

亲爱的同学:

欢迎你来到小学中段的数学王国。经过两年的学习和探寻，你一定和叮叮、咚咚一样，发现了许多数学秘密，也交到了很多数学新朋友吧。进入中段后，计算会更复杂，信息会更多，挑战也会更大，这就需要我们更仔细地观察，更深入地思考。遇到问题，可以先独立思考，尝试自己解决，有了自己的想法后，再与小伙伴或老师进行交流。这样你的大脑就会越来越强大。

小数点是怎么产生的？一周7天的秘密何在？为什么除法要从高位算起？……让我们继续开启这本书的阅读之旅吧，相信你在阅读中会有更多“原来如此”的收获。

站在不同位置，每次最多能看到几个面？

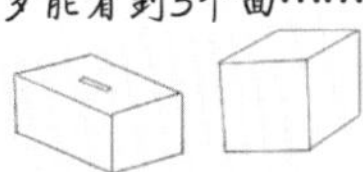

站在一个位置上观察，
最多能看到3个面……

先乘法后加减

叮叮在学习乘加、乘减混合运算时，知道要先算乘，后算加减。叮叮听老师说这种运算顺序是基本法则，是一种“规定”。但“规定”背后也应该还是有道理的吧？

原来如此

数学发展史，是人们避繁趋简的历史。基本法则或“规定”一定有它的合理性。小学阶段数学的概念和法则大多是为了解决现实世界中的实际问题而产生的。在乘加、乘减混合运算中要“先算乘，后算加减”这种规定，也是人们结合现实需要，想提高运算的效率而想出的办法。我们可以结合具体的情境来理解。例如，在上图的情境中，要解决“小熊胖胖应付多少钱”这个问题，应把“买蛋糕的钱”和“买面包的钱”合起来，在列出的算式“3×4+6”或“6+3×4”中，乘法运算的结果，就是“买4个面包要用多少钱”，所以，不管乘法在前面还是在后面，都得先算，得到具体结果后，才能进行下一步的加法运算。同样，在“小熊壮壮有20元，买3包饼干应找回多少钱？”中，我们把3包饼干的钱看成一个整体，先计算出壮壮要付的钱，再计算出应找回的钱，这样计算就更快、更高效。

括号

叮叮在两步混合运算中认识到小括号的神奇，发现小括号能根据运算的需要改变运算顺序。神奇的“（ ）”是怎样产生的呢？一个算式里如果出现两个“（ ）”时，先算哪一个呢？

在四则混合运算中，括号的使用也经历了漫长的历程，凝结着许多数学家的心血和智慧。每一个简单的符号背后都有一个不简单的故事。数学来源于生活，运算符号能表达现实情境中的某种意义。比如说把两个数合起来就要用加号连接，从整体中去掉一部分就要用到减号……当我们独立运用这些运算符号（分步计算）时，可以通过书写顺序清楚地表达先算什么，再算什么。但简洁永远是数学的追求，当我们想用一个式子简洁地来表达时，小括号就因需而生了。一个算式里会不会出现两个“（ ）”呢？会的。以“过河”情境为例：男生29人，女生25人，一条大船每排坐3人，能坐3排，如果同学们都坐大船，需要几条船？列式为（29+25）÷（3×3）。两个小括号同时出现，括号内的运算其实是在同步进行，虽然现实中，我们在时间上感觉有先有后。

观察物体

站在不同位置，每次最多能看到几个面？

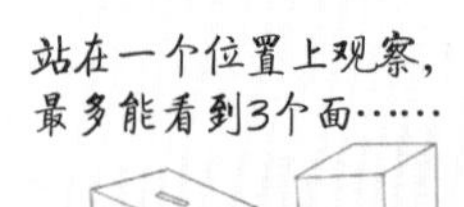

站在一个位置上观察，
最多能看到3个面……

叮叮在观察长方体和正方体时，发现站在同一个位置上观察，最多只能看到三个面。叮叮想如果换一个很小的长方体或正方体，会不会看到更多的面呢？

原来如此

长方体有上、下、左、右、前、后六个面。上面与下面相对，左面与右面相对，前面与后面相对。由于相对的两个面，每次观察时最多只能看到其中的一个面，所以，站在同一个位置观察，最多只能看到三个面。如果换一个很小的长方体或正方体，我们会不会看到更多的面呢？答案是不会的，因为光是沿直线传播的。那为什么我们感觉像看得见一样呢？这是因为人的视觉有恒常性。当我们在不同距离看同一个人时，他在我们视网膜上的成像大小是变化的，但我们都会知觉为同样的身高。同理，我们在不同方向上观察过长方体和正方体，其六个面的形状、大小、质地、颜色等特性的认识已经映射到大脑里，尽管我们在观察物体时，最多只能看到三个面，我们依然可以脑补出另外三个面的特征，这就是我们的空间想象力在起作用。

减法的性质

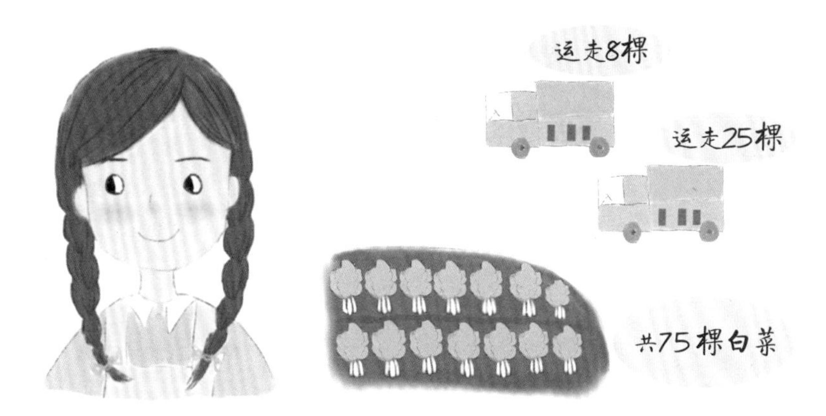

叮叮在学习连减运算时，提出一个疑问：在计算连加运算时可以运用加法交换律，那连减运算有没有交换律呢？

数学是从猜想开始的。有了猜想，我们就可以通过用数据举例的方式来加以验证。对比“75-8-25”和“8-75-25”，我们会发现被减数的位置是不能变的；对比“75-8-25”和“75-25-8”，我们发现几个减数的位置是可以交换的。所以，没有“减法交换律”，只有“减法的性质”。当然，除了举例，我们还可以利用数形结合或联系具体的生活情境来讲清这个道理。比如在计算“75-25-8”时，可以理解为“原来有75棵白菜，先运走25棵，再运走8棵”，当然，变成“先运走8棵，再运走25棵”是不影响最后结果的。减法的运算性质还包括“一个数连续减去两个数，等于减去这两个减数的和”。聪明的你，怎么用生活经验或举例来说明呢？

农历和公历

歌诀记忆法

一三五七八十腊，
三十一天永不差；
四六九冬三十日；
平年二月二十八，
闰年二月把一加。

腊，一般指农历十二月，
在这里代表公历十二月。
冬，一般指农历十一月，
在这里代表公历十一月。

咚咚用歌诀记忆法来帮助自己记忆大月、小月和二月的天数，歌诀读起来朗朗上口，用农历腊月中的“腊”代表公历的十二月，用农历冬月中的“冬”代表公历的十一月，农历和公历究竟有什么联系呢？

原来如此

农历和公历是两种不同的历法。农历是我国的传统历法，根据太阳的位置，把一年分成24个节气，以便于开展农事。我国自古以农立国，故农民耕作离不开农历。“除夕”是农历中的一个特殊日子，是指一年最后一天的夜晚，类似的还有“端午”“重阳”这样的传统节日。公历是现在国际通用的历法，我们通常所说的阳历即指公历，公历的纪元传说是从耶稣的出生年算起的。公历只考虑地球绕太阳公转，不考虑月相变化，是纯粹的太阳历；农历以月相定月份，十二个月（闰年十三个月）为一年，也称太阴历，简称“阴历”。“阴历”还设置了闰月来调节年的长度，平年十二个月（354或355天），闰年十三个月（384或385天），采用三年一闰，十九年七闰，以调节阴历年与太阳回归年之间的关系。

烧脑的时间单位

1，3，5，7，8，10，12月都有31天。4，6，9，11月都有30天。2月份的天数都不一样。

比时、分、秒更大一些的时间单位是年、月、日，叮叮发现有些时间单位之间的进率是固定的，比如1时=60分，1分=60秒，1年=12个月，但为什么1个月里既有30天，也有31天，还有28天、29天呢？

原来如此

其实，时间单位是人类根据实际需要主观创造出来的。时间单位的发展，反映了人类对于时间的认识过程。早在远古时期，人们日出而作，日落而息，“日”就毫无悬念地成为最早的计时单位。一直到公元238年，才有人将意为“白昼”的“日”称为“民用日”，把地球本身自转一周的时间，即一个白昼加一个黑夜称为“自然日”。把“自然日”作为基本单位后，又聚集而成一些稍大的时间单位，形成了“星期”“旬”“月”“年”这些常用的时间单位。在发现1回归年（地球绕太阳公转一周的时间）是 365 天 5 小时 48分46秒后，为了让一年的时间更加符合太阳公转一周的时间，人们就规定平年365天，闰年366天。那为什么每个月的天数也不一样呢？是因为“月”跟月亮有关，在太阴历中，一个朔望月（即一个新月至下一个新月）的周期平均约为 29.5 天。最开始一个月不是29天就是30天，后来慢慢演变成1 个月里既有 30 天，也有 31 天，还有 28天、29天。

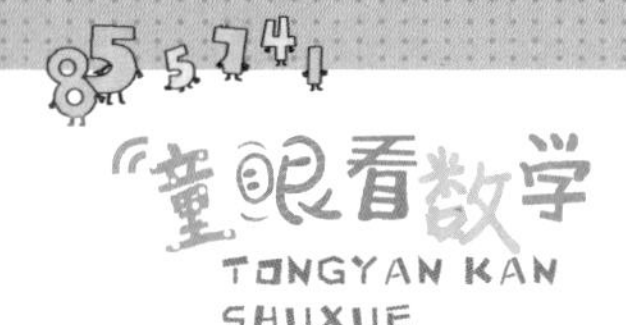

生日的秘密

叮叮最喜欢过生日了，因为每过一次生日，就表示自己长大了1岁，叮叮的好朋友奇思也很喜欢过生日，可是奇思都满12岁啦，却只过了3个生日，你知道这是怎么回事吗？

原来如此

2月29日是个特殊的日子，奇思就是这一天出生的。这一天每四年才会出现一次，所以奇思满12岁的时候，只过了3个生日。那为什么2月29日这一天每四年才会出现一次呢？这是由于科学测定和人为规定的“误差”造成的。我国早在两千多年前就测出地球绕太阳转一周的时间是365天多一些，后来，科学家进一步得出其精确时间为365天5小时48分46秒。如果每年按 365天来计算，每过四年就少算将近一天的时间，因此就规定每四年的二月份增加一日，以补上过去四年少算的时间，但这样实际上每四年又要多一点，累积到100年时，又多了将近一日，所以规定到整百年时不增加这一天，而到整400年时再增加这一天。这就是“百年不闰，四百年又一闰”的道理。

24时记时法的由来

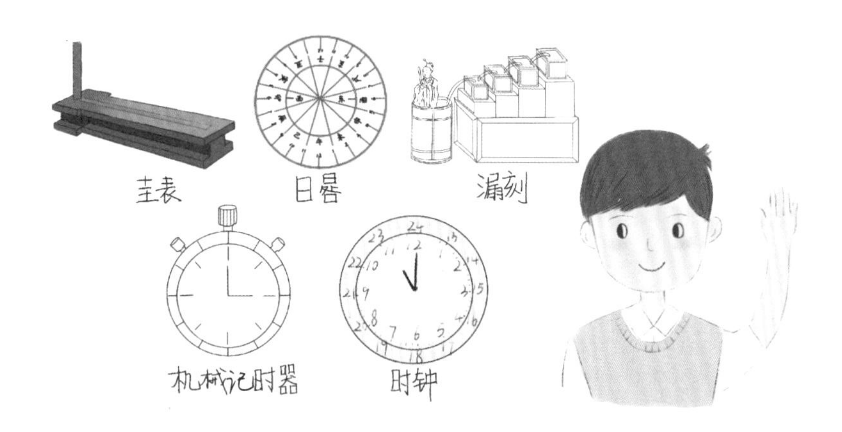

咚咚在学习记录时间的方法时，发现同一时刻既可以用“12时记时法”，也可以用“24时记时法”，为什么需要产生这两种记时的方法呢？

时间是一个十分抽象的概念，无始无终，看不见摸不着。天文学家依据地球自转的时间将1个自然日均分成24小时，于是，人们便开始采用从正午前后计量两个12小时的记时方法，而政府部门和军队则把0到24小时的计量体系一直沿用至今。

一天有24小时，钟表的表盘上标出12个大格、60个小格，疏密比较合理，人们就规定钟上的时针1天转两圈，一圈是12个小时，两圈就是24小时。当同一天中用相同的数来表示两个不同的时刻，怎么区分呢？一种方法是加上时间词，比如：上午8时和晚上8时，这就是12时记时法。还有一种方法就是用上1～24这些数一一对应第一圈和第二圈的时间，这就是24时记时法。

日历中的规律

2021年 9月份						
星期一	星期二	星期三	星期四	星期五	星期六	星期天
		1	2	3	4	5
6	7	8	9	10	11	12
13	14	15	16	17	18	19
20 十四	21	22 十六	23	24 十八	25 十九	26 二十
27 廿一	28 廿二	29 廿三	30 廿四			

叮叮知道日历上记有年、月、日、星期、节气、纪念日等信息，但老师说日历上还有很多的数学规律，日历中都有哪些数学规律呢？

原来如此

日历是我们学习生活中必不可少的工具。我们聪明的祖先，根据日月星辰的变化规律，制定了这个记载时间流逝的工具。日历中确实有许多规律，归纳起来，大约有以下几种。

1.横着看：左右相邻的两个数，右边的数总比左边的数大1，相邻三个数之和是中间数的3倍。

2.竖着看：上下相邻的两个数，下边的数总比上边的数大7，相邻三个数之和是中间数的3倍。

3.从左上往右下或从左下往右上看：从左上到右下，右下的数总比左上的数大8；从左下到右上，右上的数总比左下的数小6。

4.正方形中的规律：用一个正方形框出9个数，处于正中间的数的9倍就是这些数的和。

小数不"小"

像0.85、0.19、0.1、25.25……这样的数，都是小数。
0.85读作：零点八五
25.25读作：二十五点二五
小数点

借助商品的价格，咚咚认识了小数。小数小数，它真的是很小的数吗？

原来如此

小数点是小数的重要标志，它把小数分成了左、右两个部分。小数点左边的部分和右边的部分的读法是不同的，左边部分就按照整数的读法读数，右边部分要按顺序一个数字一个数字地读，就像读电话号码一样。小数一定比整数小吗？那可不一定，小数的大小取决于小数的整数部分。其实，小数分为纯小数和带小数，纯小数就是整数部分为0的小数，确实比较小，而带小数就可以是一个很大的整数带上一个小“尾巴”。

周长的认识

什么是周长

用彩笔描出树叶和数学书封面的边线。

认一认，说一说。

咚咚在学习周长时，通过用笔勾画长方形的“边界”，成功地求出了长方形的周长。好学的他又想：如果不按顺序，先指出上面的边，再指下面的边，接着指左面的边，最后指右面的边，这样指出的还是“周长”吗？

原来如此

从数学书封面边线上的任意一点出发，沿着边线最后回到起点是一定可以找到封面的“一周”的。但是找封面的“一周”却不只有这种方法。找“一周”之长的时候，其实不需要考虑方向和顺序的问题。只要把“一周”上的所有边都找完了，加起来就是“一周之长”了。明白了这个道理后，关于“长方形的周长公式”，我们的理解就会丰富多了，只要把组成这个图形一周的所有边线的长度累加就行了，不一定非得先算长和宽的和，再乘2。还有，“一周”这条轮廓线，就把一个平面分成了内外两部分了，轮廓线以内平面的大小，就是这个图形的面积。

连加竖式的困惑

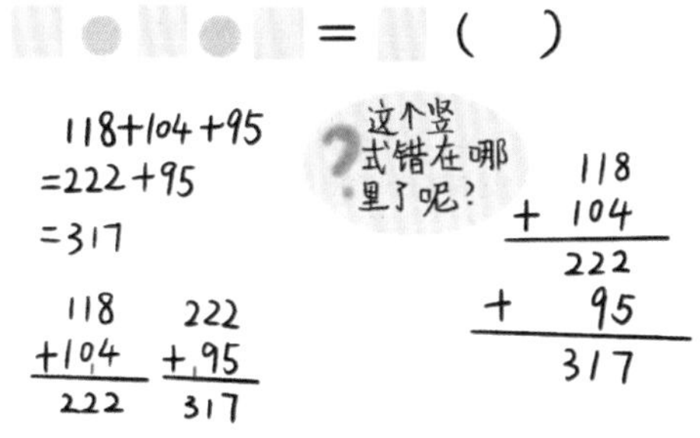

咚咚学习了三位数的连加运算，仿照爸爸的方法，写出了右图的竖式。叮叮告诉他，这样写竖式是不对的。可是这样明明就可以正确计算出结果，到底哪里不对了呢？

原来如此

用这种方式计算连加的人其实不少，同学们也会觉得这样写比分开写成两个竖式更为简便。那问题到底出在哪里呢？其实，竖式和横式之间有着紧密的联系，竖式中的每一步计算都表达了横式中每一步的算理：竖式中的“横线”其实就相当于横式中的“等号”。把竖式变成横式来理解就是先算118＋104=222，再算222＋95=317。叮叮的写法粗略一看挺好，但实际上它表达的道理却是错的。我们把竖式中的“横线”改写成横式的“等号”来看一看：118+104=222+95=317。咦！现在看出问题了吧？“118＋104”和“222＋95”的结果是不相等的，但是它们之间却用了等号来连接。当然，生活中很多人为了计算快捷，都习惯了这样书写，但我们一定要明白这背后的问题。

里程表的学问

里程表

叮叮的叔叔是出租车司机。星期一早上出车时，里程表的读数是35千米。叮叮记录了叔叔星期一至星期五每天回家时的里程表读数。（单位：千米）

星期一	星期二	星期三	星期四	星期五
160	350	555	745	955

赵叔叔每天骑摩托车上下班，他这一周每天行驶的里程如下。

	星期一	星期二	星期三	星期四	星期五
里程/千米	28	27	31	29	28

两个表格里面都有星期几和对应的里程，只是一个是里程表读数，一个是里程数，两字之差，但却真让人糊涂了。

原来如此

里程问题确实挺烧脑的。这两个表格“长得很像”，许多成年人都犯愁，难怪叮叮会糊涂。我们不必在字面意思上太过纠结，结合生活经验，还是很容易分清楚的。里程表读数，就是指一辆车总的行驶里程数，它记录着这辆车从出厂开始到现在行驶总的里程数。而里程数表示的是某一段行驶距离，比如我们从家打车到学校，一共8千米，这就是里程。里程表读数和里程数之间也有着密切的联系。以上表为例，里程表读数“350”表示这辆车从出厂到周二晚上一共行驶了350千米，里程表读数“555”表示这辆车从出厂到周三晚上一共行驶了555千米，而“555-350=205”就是周三全天行驶的里程数。

都是时差惹的“祸”

叮叮觉得小兰比古丽勤奋多了，因为北京的小兰早上8时已经在教室里读书了，而这时新疆的古丽却才不慌不忙地起床。古丽是个爱睡懒觉的孩子吗？

原来如此

同样是早上8时，北京的小兰已经在明亮的教室里学习了，而新疆的古丽却刚刚起床，其实这是时差惹的“祸”。为什么会有时差呢？因为地球是一个球体，太阳照射到的地方就会光明，照射不到的地方就会黑暗。同时地球会自转，所以就形成了日夜更替。我国幅员辽阔，北京在祖国的东面，而新疆在祖国的西面。东边比西边先看到太阳，新疆日出的时间比北京晚大约2时。新疆孩子的作息就在“北京时间”的基础上延迟了2小时。所以，小兰和古丽都没睡懒觉。

很多国家间也会有时差。当上海是中午12时时，莫斯科还有5个小时才会太阳当头照，这时澳大利亚的悉尼却已经是下午2时了。

一周7天的秘密

2021年 9月份						
星期一	星期二	星期三	星期四	星期五	星期六	星期天
		1	2	3	4	5
6	7	8	9	10	11	12
13	14	15	16	17	18	19
20	21	22	23	24	25	26
27	28	29	30			

叮叮学完了日历后，产生了疑惑：一周都是从星期一开始到星期日结束，为什么星期日之后没有星期八？

原来如此

关于一周为什么是7天的问题，要追溯到公元前6000至公元前4000年。在美索不达米亚平原上，生活着一群苏美尔人。他们通过对月亮圆缺的观察，发现由半圆月至满月需要七天的时间；由圆月至半圆月，也需要七天的时间；由半圆月至月消失，由月消失至半圆月，仍然需要七天的时间。于是他们把七天定为一个周期，分别用太阳神（星期日）、月亮神（星期一）、火星神（星期二）、水星神（星期三）、木星神（星期四）、金星神（星期五）、土星神（星期六）七位星神来为这七天命名，这就是“星期”名称最早的来历。

小数点的来源

“小数”的名称是我国元代数学家朱世杰最先提出的。我国古代用小棒表示数，为表示小数，就把小数点后面的数放低一格，如2.15就摆成：||_|||||，这是世界上最早的小数表示方法。

叮叮学完了小数，不由自主地盯着小数点，很好奇地想：这可爱的小数点是怎么来的呢？

原来如此

小数点其实是从古至今慢慢演变而来的。我国是最先提出使用小数的国家，早在公元3世纪（约260年），我国古代数学家刘徽就把整数个位以下无法标出名称的部分称为微，即小数的前身。公元1427年，中亚数学家阿尔·卡西创造了新的小数记法，他将整数部分与小数部分分开，如“3.14”记作“3 14”。再后来，瑞士数学家布尔基对小数的表示方法做了较大的改进。他用一个小圆圈将整数部分与小数部分分割开了，如把“5.24”记作“5。24”，数中的小圆圈实际起到了小数点的作用。又过了一段时间，德国的数学家克拉维斯又用小黑点代替了小圆圈，就有了现在的小数写法。

特别的除法竖式

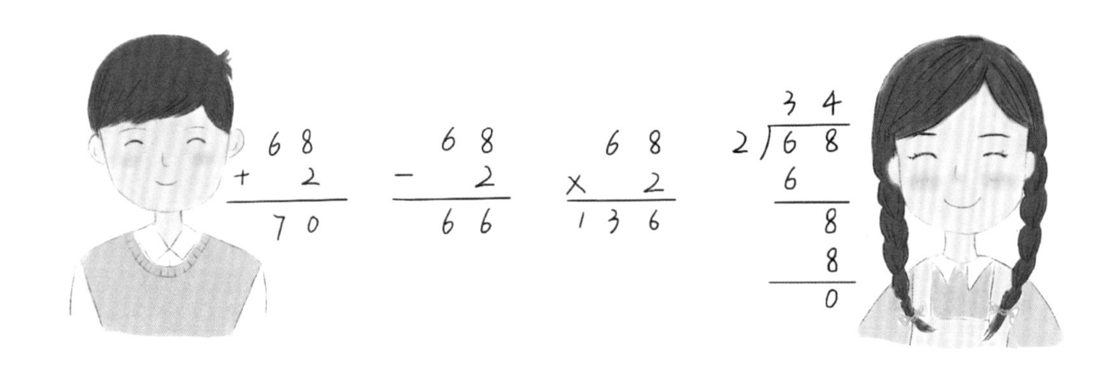

叮叮学习了除法的竖式，发现除法竖式和加法、减法以及乘法竖式的书写都不一样，为什么除法会与众不同呢？

原来如此

除法竖式和加法、减法及乘法竖式，都是人们笔算的工具，我们现在通用的除法竖式书写的样式也不过三百多年的历史。简洁清晰的除法竖式包含了计算的全过程，尽显人类的智慧。为什么当初创造除法竖式的人，没有按加法、减法、乘法竖式那样书写呢？那是因为如果除法竖式也那样书写，虽然简洁，但不能体现计算的过程，更不能帮我们减轻思维的负担。而且当遇到有余数的除法时，那样的书写更显局限。现在的除法竖式书写能真实反映“平均分”的过程，能把“原有的数量”“分掉的数量”“剩下的数量”以及“平均分的份数”“每份的数量”等关键信息随着“分”的过程一一呈现。

从高位除起的除法竖式

2)846
3)48
为什么除法要从高位算起呢？
我试过了，从低位算起，有时很麻烦。

咚咚在用竖式进行除法计算时，还发现了一个“特别”：加法、减法、乘法的竖式计算都是从低位向高位计算，但除法竖式却与众不同，要先从高位算起，这是为什么呢？

原来如此

在一些除法竖式中，从低位算起也比较简便，比如“846÷2”。但当我们遇到“48÷3”这样的除法竖式时，如果还从低位算起，计算过程就会出现一些“小麻烦”：先从低位算起，8÷3=2……2，个位商2余2，再算40÷3=13……1，十位商1，个位在原来商2的基础上加上3变成5，最后来处理个位的余数2和十位的余数1，个位在原来商5的基础上增加1等于6，最终结果为16。这个“小麻烦”就是在整个计算过程中要记住每一次计算的余数，还要改动先前计算的结果。其实，在我们借助具体实物平均分的过程中，也习惯于先分大的单位，再分小的单位。从高位除起，简便实用。

不能作除数的0

叮叮在学习猴子的烦恼这一课时，他发现智慧老爷爷说：“0除以任何不是0的数都得0。”0既可以作乘数，也可以作被除数，但为什么偏偏0就不能作除数呢？

是的，除数特别委屈：为什么被除数可以是0，自己就不行？被除数是桃子的总数，除数表示有几只猴子，如果0是除数，那么就表示没有猴子。没有猴子，桃子的数量不管有多少，都分不出去。我们还可以这样想，0乘任何数都得0，比如$0\times45=0$，改写成除法以后，我们可以写成$0\div45=0$和$0\div0=45$。有没有发现哪里不对劲啊？是的，$0\div0$如果等于45，那么我还可以说$0\div0=100$,$0\div0=1000$……也就是说，$0\div0$可以等于任何一个数，一个算式有很多个结果，确实就没什么意义了。还有，如果$45\div0$有意义，那结果是多少呢？哪个数和0相乘会得到45呢？没有吧。看来，当0作除数时，要么有很多的结果，要么没有结果，因此，0不能作除数。

用表格算乘法

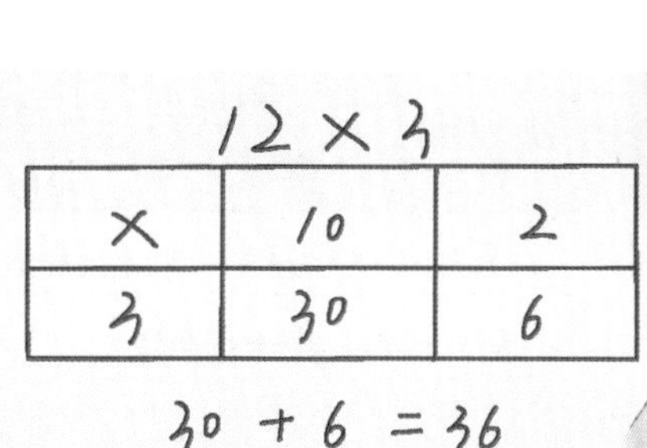

12×3

×	10	2
3	30	6

30+6=36

14×12

×	10	4
10	100	40
2	20	8

100+40+20+8=168

叮叮在计算两位数乘一位数、两位数乘两位数时，都曾借助表格来帮助计算，那这种办法在乘法中是否可以通用呢？比如三位数乘两位数也行吗？

原来如此

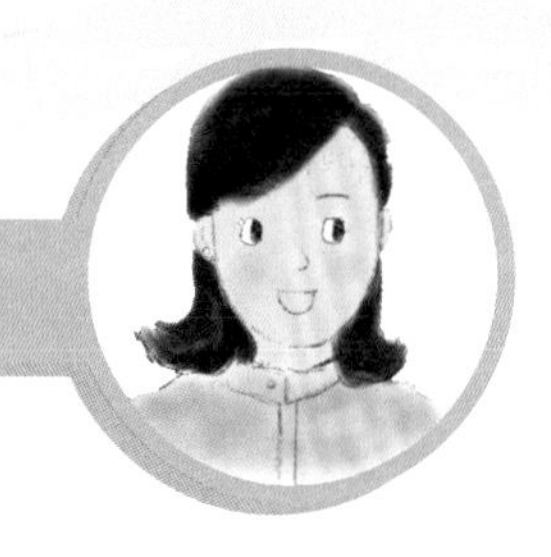

两位数乘一位数、两位数乘两位数，我们都可以用表格来帮助计算。表格计算法其实是通过“拆分”，把一道比较复杂的乘法变成几道比较简单的乘法，最后将结果累加。等学了乘法分配律后，这个道理就更好懂了。现在，我们以“14×12”为例来聊一聊这背后的道理。我们先将14拆分成10和4，12拆分成10和2，接下来，按“分块求积，再相加”的思路进行计算。横着看表格，“10×10=100，10×4=40，100+40=140”相当于把12中的10去乘14，得140；“2×10=20，2×4=8，20+8=28”相当于把12中的2去乘14，得28。最后再累加就可得到结果168。

数学内部充满联系，不管是几位数乘几位数，计算的道理都是一样的。不仅三位数乘两位数可以用表格计算法，三位数乘三位数、多位数乘多位数都可以用这种“拆分累加”的方法来计算。

用表格算除法

14×12

×	10	4
10	100	40
2	20	8

100+40+20+8=168

乘法可以借助表格法来计算，直观方便，那除法呢？也可以用表格法来分一分、算一算吗？

原来如此

用表格计算乘法，可以很简洁地记录计算的过程，还不容易出错。那表格法适用于除法吗？我们以“888除以6”为例来讨论一下吧。首先在拆分的时候，我们不太容易想到可以把888分成“600、240、48”这三个全是6的倍数来计算。按前面的经验，会将888分成800、80和8。用它们分别除以6，但都会出现余数，怎么办呢？再增加一行表格来专门记录余数，那计算过程就是：800÷6=133……2，80÷6=13……2，8÷6=1……2，然后把余数相加：2+2+2=6，6÷6=1。

÷	800	80	8
6	133	13	1
余数	2	2	2

最后得出：133+13+1+1=148。看到这里，相信小朋友们都有了自己的想法：一共计算了6次才得出正确答案，真是太复杂了。对比而言，直接列除法竖式可比表格法简单多了。

质量单位

除了吨、千克、克这些质量单位，还有许多其他的质量单位，如我国常用的质量单位有斤、两。

1斤=500克，1两=50克。

英国则用磅(Pound)、盎司(ounce)等作为质量单位。

你还想了解更多的质量单位吗？查查相关的资料吧！

叮叮学习了质量单位后产生疑问：质量单位除了吨、千克和克，生活中还常常听爸爸妈妈说到公斤和斤，它们和克、千克之间有什么区别和联系呢？生活中还有哪些质量单位呢？

原来如此

质量单位为什么先学“吨、千克、克”这三个呢？其实质量单位除了吨、千克、克，还有毫克、微克等。1吨=1000千克，1千克=1000克，1克=1000毫克，1毫克=1000微克。1微克有多重呢，大约就是几根汗毛的重量，所以不经常使用。我们在生活中还常用到公斤、斤、两和钱等。1千克=1公斤，1公斤=2斤，1斤=10两，1两=10钱。除此以外，在我国古代还有一些质量单位，如石、钧等。我国秦代度量衡制度中规定：1石＝4钧，1钧＝30斤，1斤＝16两。与现代国际单位制中的质量比较，秦代的1斤约合0.256千克，和我们常用的斤、两就不太一样了。英美制常用的质量单位有磅和盎司，1 盎司＝28.35 克，1 磅＝454 克。贯是日本古代质量单位，一贯是3000到4000克。每个国家使用的质量单位不一样，不便于物品的流通，所以全球就统一规定了吨、千克、克等为国际通用质量单位。因此，我们首先学习这三个质量单位。另外，与质量单位有密切联系的是重力单位，在生活中经常混用，等到了初中，在物理课上会进行深入学习。

点的学问

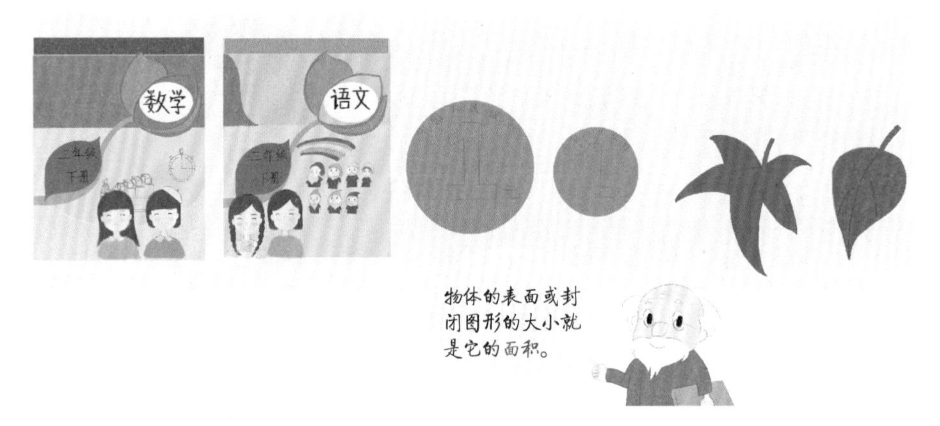
数学
语文
物体的表面或封闭图形的大小就是它的面积。

叮叮在学习了面积的知识后，知道了物体的表面或封闭图形的大小就是它的面积。那圆圆的一个“点”有面积吗？

原来如此

当我们在一张纸上用笔点一个“点”，确实这张纸有一部分面积就被它占领了，看起来这个点是有面积的，对不对呢？不对。生活中我们说的点，往往具体指向我们看到的那个圆形，但从数学的角度来看，点是人们对位置的抽象，不存在大小问题。比如，当我们要把自己的学校标在中国地图上时，一般不会按学校地块的形状来画，都会选择一个“点”来表示。我们把点的长度叫作零，也可以叫作无穷小，点的面积无限接近于0。“点无大小、线无粗细、面无厚薄”，从空间几何来看，点是零维的图形，它没有面积；线是一维的图形，它也没有面积。我们所说的低于二维的图形，都是没有面积的。

面积的“积”

你知道吗？

在古代，为了确定农业收成，计算税收，必须丈量土地，由此对面积产生了认识。中国古代形象地用“幂”字或“积”字来表示面积。幂：遮盖物品的方形布；积：积累。

你能理解这两个字的意思吗？

丈量土地

叮叮在学习面积一课时，老师介绍说，物体的表面或平面图形的大小叫面积。她就想：为什么不叫“面大”或“面小”呢？为什么要叫“面积”呢？

原来如此

面积的计算，是中国古代数学中非常重要的内容，也是今天数学分支几何学的重要内容。最早的面积定义出现在中国数学巨著《九章算术》中，那时还没有“平方米”“平方厘米”这样的面积单位。书中是这样描述面积的：广从步数相乘得积步。“广”，长方形的宽边；“从”，长方形的长边。而“步”，是当时的长度单位，人体自带的。这两个数相乘就称为“田幂”，“田幂”也就是指“田的面积”。由此可见，“面积”，是两数相乘的结果，表示的是一个数量。当然，从现代数学的角度看，我们说“积点成线、积线成面、积面成体”。这里的“积线成面”，是指把线累积，就将形成面，因此称为“面积”，也是很有道理的。

分数的由来

● **用一张纸折一折，涂一涂，你还能得到哪些分数？**

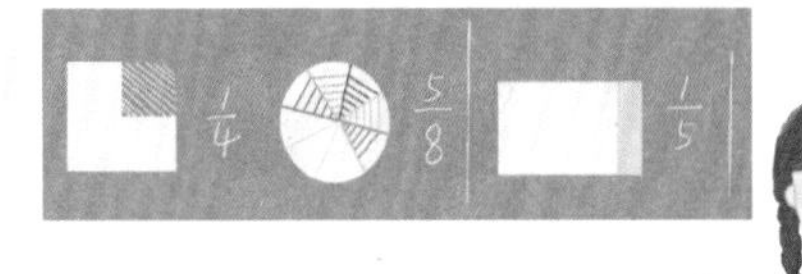

我是这样得到$\frac{2}{3}$的。

● **认一认。**

$\frac{1}{2}$，$\frac{1}{4}$，$\frac{3}{8}$，$\frac{2}{3}$，$\frac{4}{5}$ **都是分数。**

$\frac{3}{4}$	分子 分数线 分母	**读作：四分之三**

你能再想出一个分数，并画图表示它的意思吗？

叮叮上学期学过“小数”，知道小数并不一定就小。这学期学的“分数”，名字也很形象，是在平均分的过程中产生的数。叮叮还想知道，字面背后，还有哪些关于分数的知识？

原来如此

“分数”直观而生动地表示这类数的特征：先分后数，数出来的数。在数学史上，分数几乎与自然数一样古老。早在人类文明初期，由于测量和均分的需要，就产生并使用了分数。

3000多年前，古埃及人为了在不能整分的情况下表示数，开始用特殊符号表示分子为1的分数。2000多年前，中国有了分数，但是，当时分数的表现形式跟现在不一样。后来，印度出现了和我国相似的分数表示法。再往后，阿拉伯人使用了符号“—”，今天分数的表示法就由此而来。分数从产生之日起，就与除法有着密不可分的关系。随着我们学习的深入，大家还会知道，分数可以表示数，表示具体的数量，如“$\frac{1}{2}$元”，就表示5角钱。分数还可以表示两个量之间的关系，如“儿子的身高是父亲的$\frac{1}{2}$”，这时就不表示具体有多高了，而是表示儿子的身高只有父亲身高的一半。

“正”字计数

叮叮在学习统计时，老师介绍了用写“正”字来进行计数的方法。叮叮觉得很奇怪：中国汉字成千上万，为什么偏偏选用了“正”字呢？

原来如此

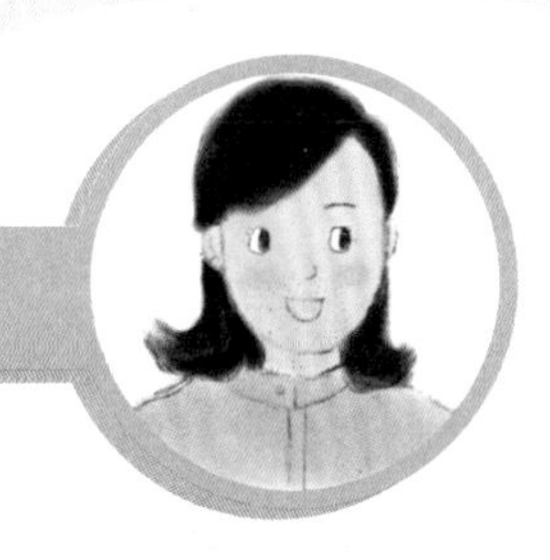

用“正”字来统计计数，是我们习以为常的做法，但个中缘由，可不简单。用“正”字来进行统计，有这样一个故事：清末民初的上海，起初进戏园看戏并不采用凭戏票进场的制度，而是进场坐定后再收费。戏园班主为了核查总数，每满五个看客，就写一个“正”字，随后再让工作人员去收费。后来“正”字统计逐渐被戏票所取代，但用“正”字计票的方法却被借鉴应用起来。在日本，用“玉”字来进行统计，因为“玉”字也是五笔。为什么都选五笔的字来计数呢？原因应该是以5为计数单位，生活中适用面广且方便。在所有五笔的字中，“正”字只由横竖构成，没有笔画首尾相连，字形规矩简洁。选举的时候，人们都希望公平公正，而“正”字，从外形到内涵，都可以说是完美的计数工具，因此得到了广泛的应用。

周长与面积

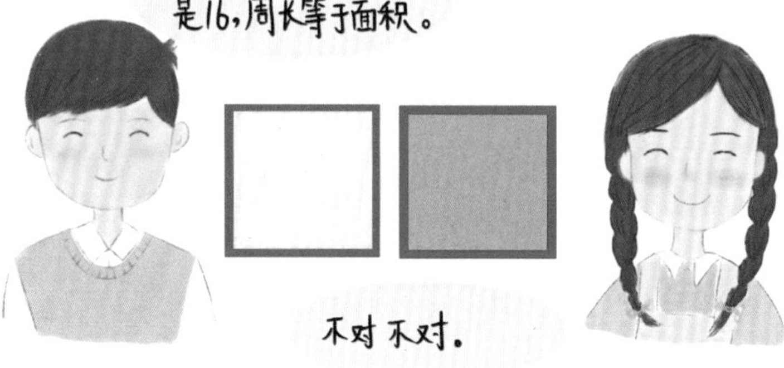

周长是16，面积也是16，周长等于面积。
不对不对。

咚咚遇到一个边长是4厘米的正方形，开心地告诉叮叮："好巧呀，这个正方形的周长和面积相等哦。"叮叮连忙摆手说："不对，不对，你这句话是错误的。"咚咚百思不得其解，都是$4\times4=16$，哪里不对呢？

原来如此

什么是周长？正方形的周长是指围成这个正方形4条边的长度之和。边长是4厘米，周长就是4个4厘米，$4\times4=16$（厘米）。如果我们把四条边拉直，就会得到一条16厘米长的线段。什么是面积？这个正方形的面积是指这个面的大小。我们用1平方厘米的方格子来铺，每行铺4个，可以铺4行，$4\times4=16$（平方厘米）。这16个1平方厘米的方格子，可以拼成面积不变的各种图形，但却永远不会是一条线段。

周长和面积是两个不同类的量，虽然都有数据16，但它们表示的意思完全不同，不能进行大小比较，就像我们的身高不能和体重比大小是一个道理，所以，比较时不能只看数的大小，还要关注它们的意义和单位。

平移的陷阱

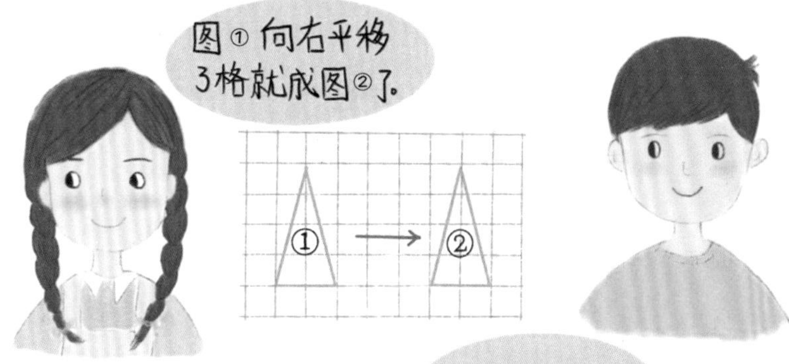

学完平移后，叮叮说图①向右平移了3格，咚咚说图①向右平移了5格，他们谁说得对呢？

当我们把小圆点A_1向右平移5格的时候，小圆点A_1到了A_2的位置，我们发现这两个小圆点之间刚好间隔了5格，这个时候平移的格数和间隔的格数都是5格。

当点变成三角形的时候，把这个三角形向右平移5格，这个图形上住着的所有小圆点都要向右平移5格，A_1到了A_2的位置，B_1到了B_2的位置，它们都向右平移了5格。这时，我们发现底边之间只间隔了3格，顶点之间确实又隔了5格。当图形平移时，图形上的每一个点都会一起向同一个方向移动相同的格数。所以，当数图形平移的格数时，我们只需要找到方便易操作的一组对应点，确定好这个点原来和现在的位置，仔细数出平移的格数就搞定啦。

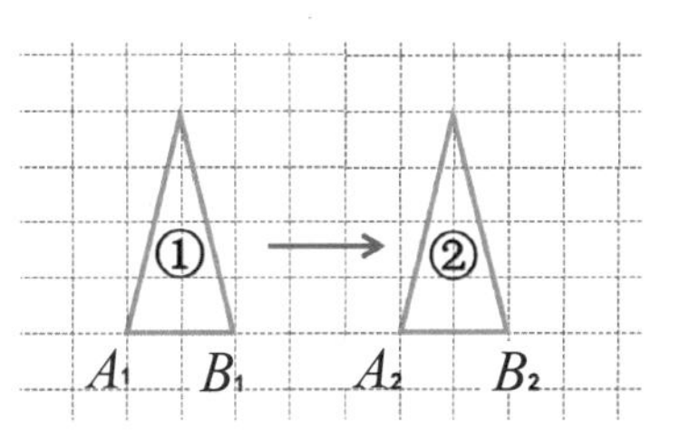

剪小方块

在长12厘米长，宽5厘米的长方形纸上剪边长是2厘米的正方形，最多可以剪几个？

叮叮用“大面积÷小面积”的方法，（12×5）÷（2×2）=15（个），计算出可以剪15个，但咚咚认为不对，你觉得呢？

原来如此

当我们做手工剪小正方形的时候，会发现一些有趣的事情。

情形一：在长12厘米，宽4厘米的长方形纸上剪边长2厘米的正方形。大面积除以小面积：（12×4）÷（2×2）=12（个）；长边个数乘宽边个数：（12÷2）×（4÷2）=12（个）。纸张没有剩余，两种计算方法的结果完全一样，都是剪出12个。

情形二：在长12厘米，宽5厘米的长方形纸上剪边长2厘米的正方形。大面积除以小面积：（12×5）÷（2×2）= 15（个）；长边个数乘宽边个数：12÷2=6（个），5÷2=2（个）……1（厘米），6×2=12（个）。结果不一样了。

在实际剪纸的过程中，纸张有剩余，剩下的宽是1厘米，不能剪边长是2厘米的正方形，不能再继续剪下去，只能舍弃做其他用途，所以最终只能剪12个边长2厘米的正方形。

叮叮用“大面积÷小面积”的方法来计算，相当于把剩余部分拼成3个边长是2厘米的正方形，所以得出的个数比咚咚多，这与我们实际生活中剪正方形的情况不一致。所以，在用数学方法解决生活问题时，一定要缜密思考、严谨验证。

比千亿还大的数

“千亿”是不是最大的计数单位？

数级	……	亿级				万级				个级			
数位	……	千亿位	百亿位	十亿位	亿位	千万位	百万位	十万位	万位	千位	百位	十位	个位
计数单位	……	千亿	百亿	十亿	亿	千万	百万	十万	万	千	百	十	一（个）

太大了。那么，千亿是不是最大的计数单位呢？

当学到千亿时，叮叮和同学们觉得它太大了。那么，有比千亿还大的计数单位吗？

原来如此

课本的数位顺序表中“千亿”后面有省略号，就说明还有比它更大的数。只是生活中用到比千亿更大的数的时候很少，所以我们会产生千亿是最大的数的错觉。在亿级后面还有兆级、京级、垓级、秭级、穰级、沟级、涧级、正级、载级……我国元朝大数学家朱世杰所写的《算术启蒙》里就有“始于亿、兆、京、垓、秭、穰、沟、涧、正、载，之上添加级、恒河沙、阿僧祇、那由他、不可思议、无量数，六个大数各目都是以万万进”的记载。我们简单说一下和千亿最近的计数单位“兆”。1兆等于1万亿，代表的是10的十二次方(即1后面有12个0)。在天文学上还采用“光年”作单位。一光年就是光在一年中所走的距离，也就是94600亿千米。

大数的读法

我们读数都是每四位分为一级，每一级上的数按各级的读法来读，然后加上“万、亿”这样的单位就行了。可是有一天，叮叮和外国的朋友John聊天时，John却把10000读作ten thousand，也就是十千，这样读对不对呢？

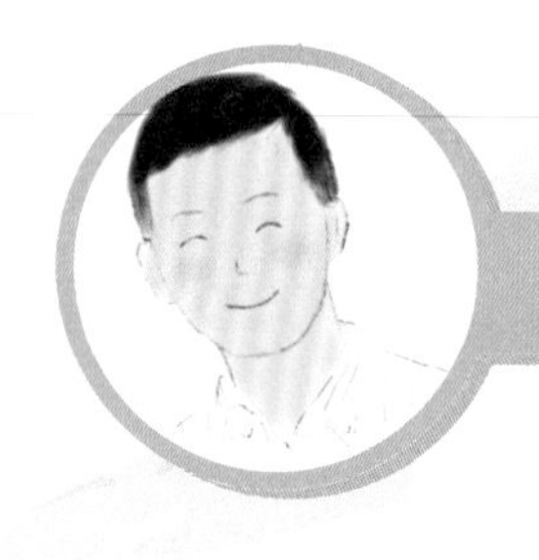

原来如此

国际上比较通用的语言是英语。在使用单位时，我国也常使用国际通用单位，比如国际长度单位：km（kilometer）、m（meter）、dm（decimeter）、cm（centimeter）。但对于大数的读法仍然沿用传统的读法，也就是“四位一级”的读法。国际上比较通用的读法是从右边起，三位一节，用“，”隔开，第一节读成“thousand”，第二节读成“million”，第三节读成“billion”，以此类推。所以“10000”用汉语读作“一万”，国际上通常写作“10,000”，读作“ten thousand”，翻译后就是“十千”。这样的读法是与英美国家习惯的数级进率相适应的。英文的数级是千进制的（三位），而我国的这些数级之间是万进制的（四位），这就是千位分隔符在中国不适用的根源。

直线与射线

说一说图中的直线、射线、线段。

A　　B　　C

直线会不会比射线长？

在直线AC上任意取一点B，就出现BA和BC这两条射线。于是，一个问题出现在咚咚的头脑里：直线的长度是不是就应该比射线长一些呢？

原来如此

直线与射线的长度，是没办法比较的，因为它们都是无限长的，它们的长度与延不延长没有关系。这样说，同学们肯定还是有疑问：从直线上的任一点分开，不就得到两条射线，那肯定是直线更长啊？确实，数学的神奇就在这里，有时候看到的不一定是真相。关于无限，我们从一个更好理解的问题说起吧。自然数更多，还是偶数更多？许多小朋友都会说，奇数与偶数交替出现，当然自然数比偶数多啊。但如果我们假定某一个自然数为n，那它的2倍$2n$一定是一个偶数，也就是说，有一个自然数，就一定对应着一个偶数。限于我们现在的知识，理解“无限”是有点抓狂，不过没关系，只要知道比较大小一般都是在确定的数据范围内进行就可以了。

角的度量单位

将圆平分成360份，其中的一份所对的角的大小叫作1度(记作1°)，通常用1°作为度量角的单位。1周角=360°，1平角=180°，1直角=90°。

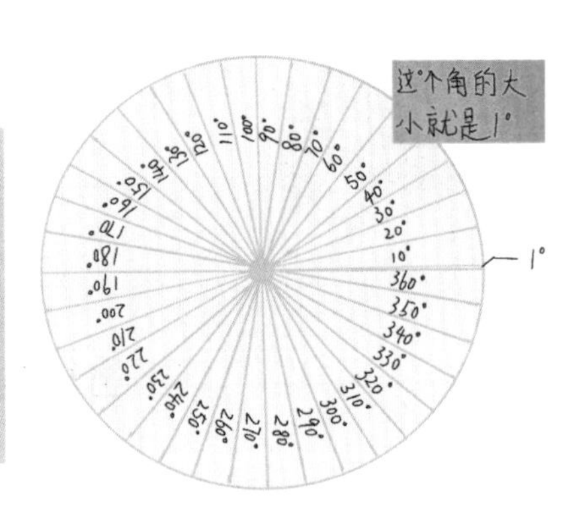

叮叮在学习了“角的度量”后，发现角的度量单位只有“度”，不像长度单位、面积单位那样还有别的单位，于是她很想知道，角的单位除了“度”，还有别的单位吗？

原来如此

长度单位有厘米、分米、米、千米等，面积单位有平方厘米、平方分米、平方米等。度量角的时候，我们会用到度量单位“度”。我们通常会把一个圆平均分成360份，其中的一份所对的角的大小就是1°。我们用度这个单位来表示角的大小，一个角里有几个1°，就有多少度。度量角的时候，还有比1°更小的角吗？当然有。我们把1°再平均分成60份，一份就是1′，叫1分，1°=60′。再把1′平均分成60份，一份就是1″，叫1秒，1′=60″。度、分、秒都是角的单位，每相邻两个单位的进率是60。通常人们定位地球上的位置时常用度、分、秒三个单位，如北京位于北纬39°54′20″，东经116°25′29″。

与众不同的量角器

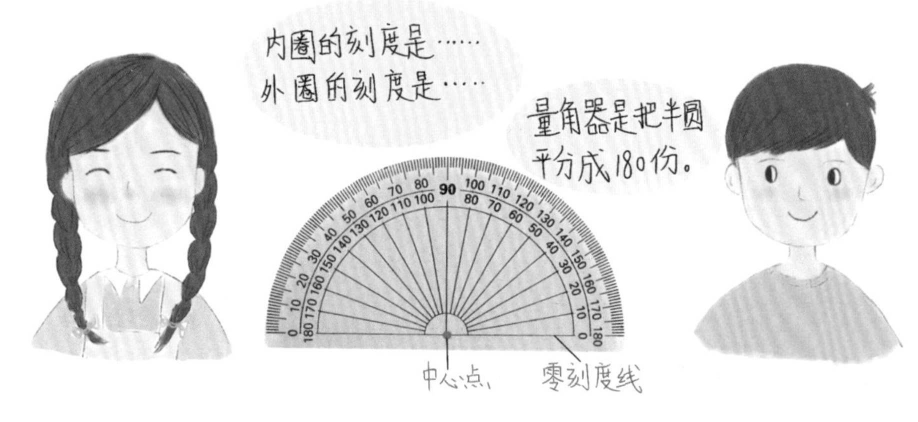

内圈的刻度是……
外圈的刻度是……
量角器是把半圆平分成180份。
中心点
零刻度线

新学期，叮叮、咚咚都有了一个新的文具——量角器。两人都很兴奋，但当他们把长度测量工具刻度尺和量角器放在一起时，发现了一个问题：为什么刻度尺上只有一行刻度，而量角器上却出现了两圈刻度？

量角器是测量角的大小的工具。角的开口方向常常是不同的。如果量角器上只有外面那一圈的刻度，测量开口向左的角很方便，但测量开口向右的角就不方便了，大家可以动手试试。因此，为了方便测量各种开口方向的角，量角器上有内外两圈刻度。外圈刻度的零刻度线在左边，沿顺时针方向认读。内圈刻度的零刻度线在右边，沿逆时针方向认读。虽然两圈刻度的出现为测量带来了便利，但也容易造成认读度数的错误，所以在认读度数的时候一定要先确定是看内圈还是外圈。虽然量角器看起来与刻度尺长得完全不一样，但原理是一样的：测长度是把刻度尺和待测线段重合，测角是把量角器与待测的角重合。生活中，量角器是不是只有我们看到的这种？量角器这三个字该怎么读呢？

计算器的按键

为什么有的计算器没有CE键，
只有DEL键和AC键。DEL键和CE键到底有
什么区别？
120.

咚咚在学习计算器这一课时，遇到了问题：书上说“CE”键是清除键，而咚咚手里的计算器却没有“CE”键，只有“DEL”键和“AC”键。“DEL”键和“CE”键到底有什么区别？

原来如此

“CE”键是清除键，它不同于“AC”键。“CE”键只清除当前正在输入的这个数。例如：计算“123+456”等于多少时，当输入“456”这个数的时候，按成了“455”，那么就可以按下“CE”键清除“455”这个数，但之前输入的“123”和加号还在。“DEL”是“delete”的缩写，是“删除”的意思，就是删除刚才输入的最后一个数字或符号。比如在刚才的例子中，当输入“456”这个数的时候，按成了“455”，按“DEL”键的话，就变成“45”，再输入“6”就可以了。而“AC”键是“All Clear”的缩写，也有清除功能。比如刚才的操作，如果换成“AC”键的话，就将取消全部输入内容。

神秘的142857

算一算
142857×7。

142857×1＝________
142857×2＝________
142857×3＝________
142857×4＝________

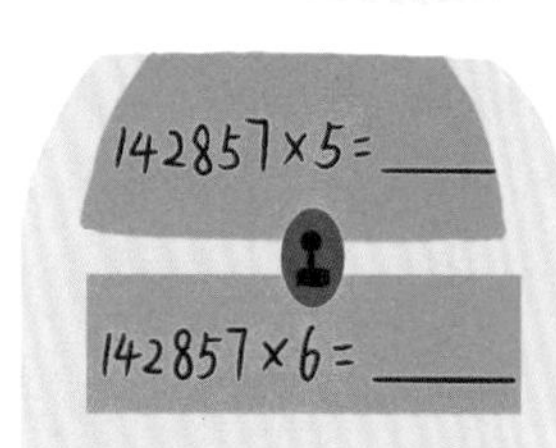

三年多的学习，叮叮见识了许多有趣的数和算式。但有一天老师说到“142857”时，用到了“神秘”这个词！对于这个数，难道“万能的”潘老师也没搞透？

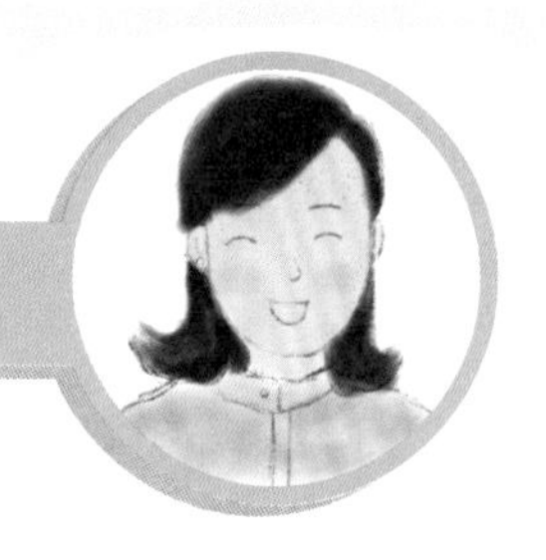

原来如此

我们先把它从1乘到6看看：142857×1＝142857；142857×2＝285714；142857×3＝428571；142857×4＝571428；142857×5＝714285；142857×6＝857142。结果虽不同，但只是“1、4、2、8、5、7”这6个数字调换位置而已！再乘下去，142857×7＝999999！吃惊不？更不可思议的是：142+857＝999，14＋28+57=99！再看看它和自己相乘的情况：142857×142857=20408122449。没什么独特的吧？你试一试结果的前五位加上后六位的得数是多少呢？20408+122449＝142857！惊呆了吧。无数巧合中必有概率，无数吻合中必有规律。据说“142857”这个数发现于埃及金字塔内，并揭示了一周有7天的秘密。

中括号

你能添上括号使 $9\div3\times5-2=1$ 成立吗？

只有小括号不行！

先算 $5-2=3$，
再算 $3\times3=9$，
最后算 $9\div9=1$

请中括号“[ ]”来帮忙
$9\div[3\times(5-2)]$
$=9\div[3\times3]$
$=1$
先算“( )”里的，再算[ ]里的

叮叮认识中括号后有点疑惑：既然中括号的作用也是改变运算顺序，那用小括号就行了啊，为什么还要发明一个中括号呢？

原来如此

数学中用来表示运算顺序的符号叫作结合符号。括号就是常用的结合符号。常用的括号有小括号、中括号、大括号。在综合算式中加括号可以改变原有的运算顺序。当需要多次改变运算顺序时，就需要多次加括号。这时如果只用小括号，本来还是可以表明运算顺序的，但不便于辨认。因此，数学家们就规定需要几层括号时，就引用几种不同形状的括号，从内到外依次计算。但老师要提醒大家，不要“过度”使用括号，当加了中括号却没有改变原来的运算顺序时，这个中括号就是“无价值”的，是不需要写的。

再谈交换律

减法和除法也满足交换律吗?
10-6=4，可6-10我不会算，
但肯定不等于4，所以……

叮叮在学习加法和乘法交换律时，一直有个疑问：除法和减法也有交换律吗？

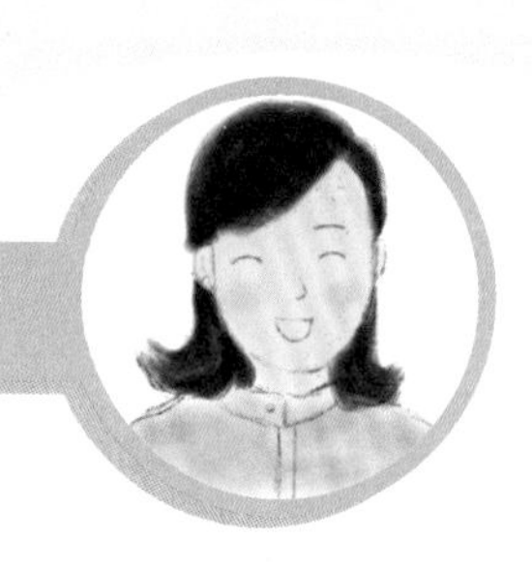

没有。这个问题我们前面聊过。我们可以从以下两个方面进行分析。一方面，我们可以用举反例的方式进行。如：2-5≠5-2，10÷2≠2÷10。另一方面，我们要从意义上去分析。我们从减法入手：减法是在求差，整体变了，拿走的变了，差肯定也不一样了。同样对于除法来说，除法是在求每一份是多少，整体变了，分的份数也变了，结果肯定不一样。2-5是从2里面拿走5个，5-2是从5里面拿走2个。10÷2是把10平均分成2份，2÷10是把2平均分成10份。所以，交换律不适用于减法和除法。

再谈乘法分配律

再谈乘法分配律

$(a+b)\times c=a\times c+b\times c$

这是乘法分配律。
除法有分配律吗？比如
(175+25)÷25=175÷25+25÷25=8，
(a+b)÷c=a÷c+b÷c(c≠0)。

学习了乘法分配律后，叮叮就在思考一个问题：乘法有分配律，除法有分配律吗？比如（175+25）÷25=175÷25+25÷25=8，（$a+b$）÷$c=a\div c+b\div c$（$c\neq0$）课本怎么不介绍呢？

原来如此

其实，上面的除法算式是成立的，只是习惯上我们不称它为除法分配律。这种方法在本质上是乘法分配律的推广，这个在六年级学习了分数除法以后就能很好地理解了。上式可看作将除法转化为乘法后，使用乘法分配律去括号，并将乘法重新转化为除法得到的结果。

$$\begin{aligned}(a+b)\div c&=(a+b)\times\frac{1}{c}\quad(c\neq0)\\&=a\times\frac{1}{c}+b\times\frac{1}{c}\\&=a\div c+b\div c\end{aligned}$$

当括号里是减法的时候，算式也是成立的。但是要避免下面的情况：

$$a\div(b+c)\neq a\div b+a\div c$$

比如10÷（2+3）就不等于10÷2+10÷3，这种情况只能按照运算顺序计算。

试商

你会试商吗？

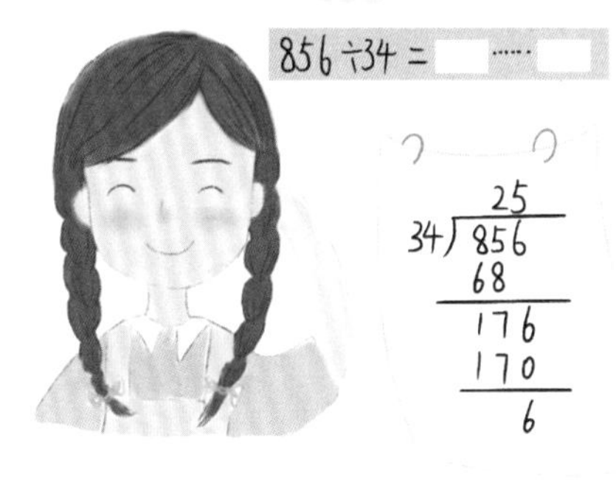

25
34)856
68
176
170
6

20
29)600
58
20

商是两位数。

商是两位数，“20”小于“29”，不够商1就商0。

叮叮在学习除数是两位数的除法时，发现许多同学“试商”都有些困难，那试商有哪些妙招呢？

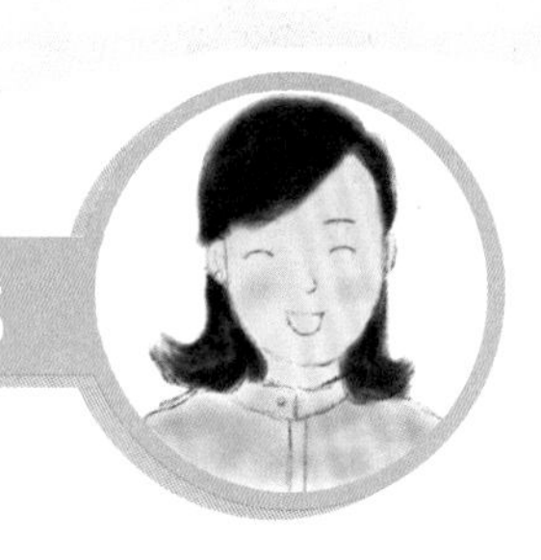

原来如此

试商和调商确实有些难度，下面介绍几种妙招。

1.四舍五入试商法：如“144÷36”，把36五入后看作40试商，初商3发现小了，需要调商到4。如果试商采用“四舍”，初商容易偏大需要调小；试商采用“五入”，初商容易偏小需调大。

2.折半估商5法：当被除数的前两位接近于除数的一半时，我们可以把初商定为5。如：174÷34=5……4，我们就可以直接试商5，这样会避免我们采用“四舍五入试商法”多次试商，影响计算速度。

3.同头不够商8、9法：当被除数和除数的前两位数字接近时，如：323÷31，我们就可以直接用8或9来试商。

速度单位

咚咚学习了行程问题后，知道了“速度=路程÷时间”，他还发现速度的单位跟以前学习的单位不一样了，这是为什么呢？

原来如此

说到“单位”，我们很容易想到长度单位如厘米、分米、米等，也容易想到人民币单位如元、角、分等。但是速度单位颠覆了我们对“单位”的认识：它由两个基本单位组成，我们称之为“复合单位”。为什么会出现这种情况呢？一起来看看：小明10秒钟跑了80米，他的速度是多少？列式为：80÷10=8（米/秒），怎么读呢？80的单位是米，10的单位是秒，单位参与“运算”以后就是：米÷秒=米/秒，这个“/”数学中也可以看成是除号，这里读作“每”，这个速度单位读作米每秒。因此，速度就是单位时间内物体运动的路程，可以精准地反映物体运动的快慢。

0的含义

在学习负数时，0再次出现，它既不是正数，也不是负数。0的含义可真多，一会儿表示0摄氏度，一会儿表示海平面高度。0到底还有哪些含义呢？

原来如此

大家都知道“0”可以表示“没有”，但是除了表示“没有”，“0”还有其他作用。

0可以“占位”。例如“805”中的“0”，它既表示这个数十位上一个单位也没有，又起了占据“十位”这个数位的作用。试想若不用“0”占位，八百零五就会写成“8 5”，这会给读数及计算带来不便。0还可以表示“分界点”。例如成都某日的最低气温是0℃，显然不能理解为这一天成都“没有”温度。这里“0”起了“零上温度与零下温度”的分界线的作用。0也可以表示“起点”。例如我们常用的尺子上就有0。当测量长度时，一般是先把尺子上的“0”刻度线对准线段的左端，表示度量长度的起点。0还可以表示“精确度”。例如11.95精确到整数是12，精确到十分位是12.0，12.0中的“0”被用来表示精确度。你还能想到0的其他含义吗？

二维码

在学习数字编码时，叮叮想到了二维码。它的编码原则又是什么呢？

原来如此

二维码其实是一种开放性的信息存储器，它能将固定的信息存储在自己的黑白小方块之间。其中黑色小方块代表的是1，白色小方块代表的是0，黑白相间的图案其实就是一串编码，扫码的过程就是翻译这些编码的过程。二维码的本质其实是二进制算法，二进制就是将所有的东西都用机器语言0和1表达出来。二进制编码就是一种语言的翻译器，使我们可以在文字语言和机器语言之间相互转换。说得简单一点，二维码就是将我们能看懂的文字语言，以机器语言的形式存储了起来。二维码还有一个需要注意的地方：在它的角上有三个大方块，这主要是在起定位作用。三个点能确定一个面，这能保证我们在扫码时，不管手机怎样放置都能得到特定的信息。当然这是另外的知识，等你读高中时就明白其中的原理了。

个分位

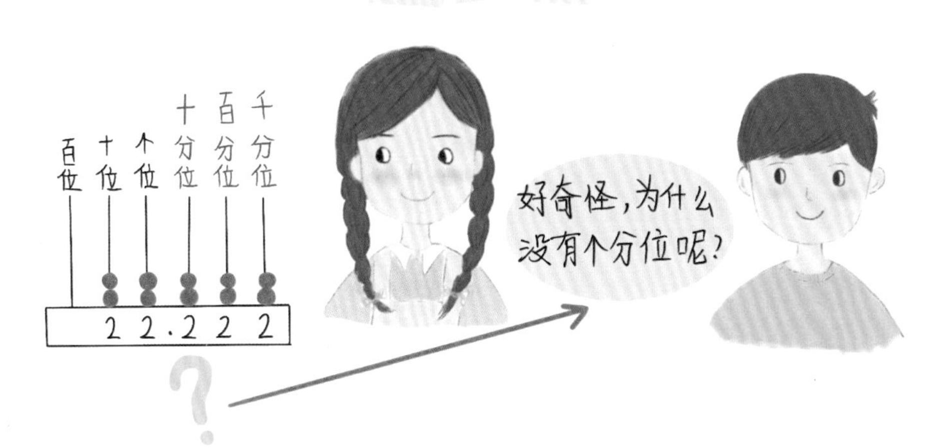

叮叮和咚咚通过计数器认识了小数的数位和计数单位，也发现了一个问题：小数以小数点为界，整数部分从右往左计数单位越来越大，小数部分从左往右计数单位越来越小，整数部分有个位、十位、百位、千位……小数部分有十分位、百分位、千分位……但为什么小数部分没有“个分位”呢？

原来如此

同学们通过对整数数位知识的学习，知道了整数部分第一位叫个位，确实会认为小数部分第一位就应该叫“个分位”，然而却不是这样的。整数部分的个位表示的是几个一，接下来，小数点右边第一位应该表示多少个“0.1”。如果我们称之为“个分之一”的话，表示什么意思呢？“个分之一”就是“一分之一”，换句话说也就是“1”，这就和我们想表示的“0.1”的意义完全不同。因此，想和整数部分对称为“个分位”的想法就没办法实现。结合小数部分每个数位所表示的意思，小数部分第一位上的数表示十分之一，也就是十份中的一份，因此从左边起，小数部分第一位就是十分位，第二位是百分位，第三位是千分位……

多边形的内角和

三角形的内角和是180°，四边形的内角和是360°，那五边形、六边形呢？爱思考的叮叮又产生了新的猜想：多边形的内角和会不会随着边数的增加而依次增加180°呢？

原来如此

用分割的办法，我们可以把四边形分成两个三角形，四边形的内角和就转化成了两个三角形的内角之和。那么其他的多边形内角和是不是也可以这样转化呢?我们不妨试试。

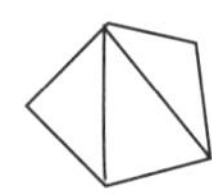
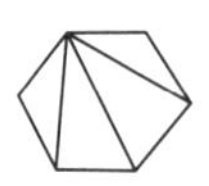

多边形	边数	分成的三角形个数	内角和
三角形	3	1	180°
四边形	4	2	180° ×2=360°
五边形	5	3	180° ×3=540°
六边形	6	4	180° ×4=720°
七边形	7	5	180° ×5=900°
……	……	……	……

对上表进行观察，我们很容易发现：多边形都可以这样来分割，随着边数的增加，内角和依次增加180°，我们也可以概括为“多边形的内角和=（边数－2）×180°”。用这个方法我们可以求出任意多边形的内角和。其实，多边形除了内角，还有外角。关于外角和的规律，同学们不妨去尝试探索一下，一定会让你大吃一惊。

扩大与缩小

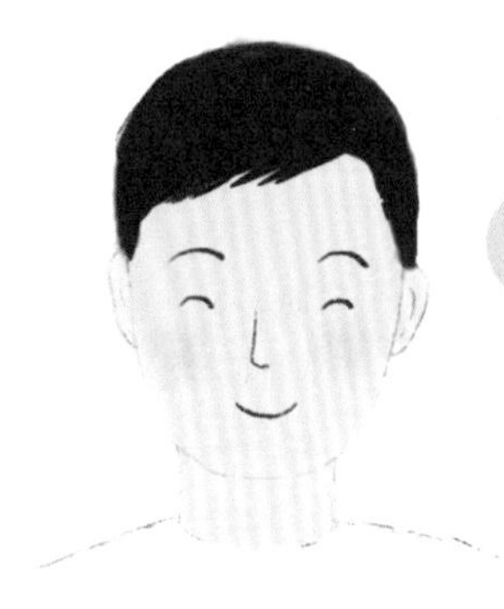

一个数的小数点向左移动一位，得到的数缩小10倍。
老师说的是缩小到原来的$\frac{1}{10}$呢？

在学习小数点移动的过程中，叮叮听到爸爸妈妈总是说：“小数点向左移动一位就是缩小10倍，向左移动两位就是缩小100倍。”但老师却说：“小数点向左移动一位，就缩小到原来的$\frac{1}{10}$。”于是，叮叮困惑了，听谁的才对呢？

原来如此

其实，爸爸妈妈上学那会儿，书上就是这么写的，老师也是这么教的。大家又该疑惑了，为什么现在不这样说了呢？新华字典里这样解释“倍”：第一个意思是等于原数的两个，比如“加倍”；第二个意思是某数的几倍等于用几乘某数，比如2的5倍，就是有5个2相加，也就是2×5。由于倍等于若干个原数相加，所以倍就不能用减少、下降、缩小等词语来描述。现在数学界基本统一了这种认识，所以教材也做出了相应的改变，老师们的教法也自然跟着改变了。

矩形法解题

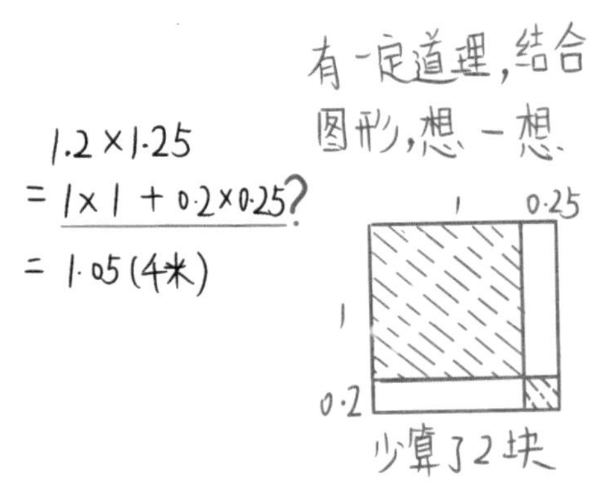

有一定道理，结合
图形，想一想。
1.2×1.25
=1×1+0.2×0.25?
=1.05(平方米)
1
0.25
1
0.2
少算了2块

原来乘法算式还可以画长方形来帮助计算啊！

叮叮听同学说，有一种解决问题的方法叫“矩形法”，她非常好奇，为什么计算的问题可以用算面积的办法来解决呢？

原来如此

长方形的面积=长×宽，从算式上来看就是两个数的乘积，也就是说，任意的两个数相乘，都可以看成是长方形面积的计算：其中一个乘数为长方形的“长”，另一个乘数就是长方形的“宽”，而这两个数的乘积也可以看成是在求长方形的“面积”，由此我们就可以将一个抽象的算式转化成具体的图形进行思考了。这就是我们常说的“矩形法解题”，本质上就是“数形结合”。比如：要比较“196×197”和“198×195”这两个算式的大小，我们可以把它们转化成“求两个长方形的面积之差”来思考，如图：

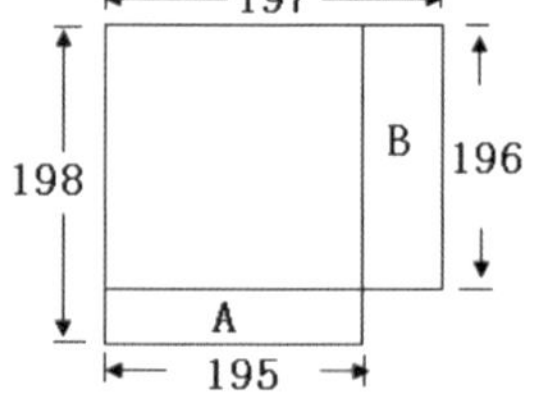

不难发现，它们的差就是A和B两个图形的面积之差，也就是“196×2”与“195×2”的大小关系，是不是特别简单？再比如情景图中原来的递等式计算，通过画“矩形”，一眼就可以看出问题出在哪儿。

小数乘法的估算

0.9×1.5=13.5　9.9×7.1=60.29　2.8×1.5=2.4

不计算？怎么判断
计算结果的正确性啊？

学了小数乘法后，叮叮在想：小数乘法的计算结果该如何快速进行正误判断呢？

原来如此

首先，在整数乘法中，我们会用“尾数法”做判断，这种方法对于小数的计算依然适用，比如要判断“9.9×8.3=81.24”，通过观察尾数，这两个数的乘积的尾数一定是7，所以81.24一定不是正确的乘积；其次，在整数乘法中使用的“首位法”也同样适用，比如要判断“9.9×7.1=60.29”，通过估算9×7=63，显然，乘积应该大于63，那么60.29不是正确的乘积；最后，乘积的小数位数特征也可以用作计算结果正确性的初步判断，比如要判断“0.9×1.5=13.5”，从两个乘数的小数位数看，乘积的小数位数一定是两位小数，所以，13.5不是正确的结果。这些方法都可以帮助我们快速地对计算结果的正确性做出初步判断。

方程的再认识

那x=3是不是方程呢?
含有未知数的等式叫作方程。

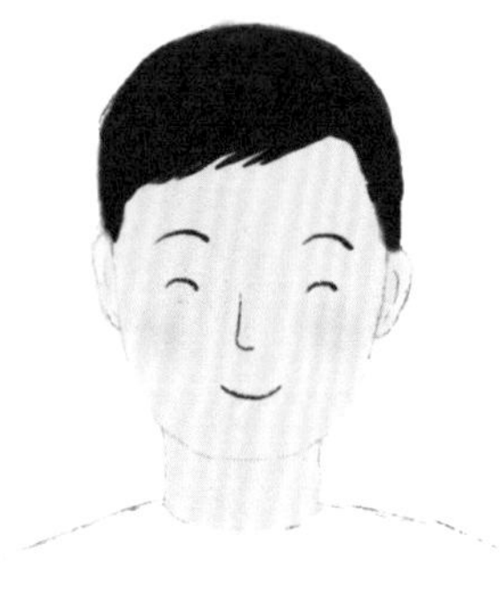

根据方程的定义"含有未知数的等式叫作方程",我们基本能准确判断出哪些是方程。比如$3x=12$,$45\div x=3$……但面对"$x=3$"时,叮叮、咚咚都犯难了:这是方程吗?

原来如此

根据方程的定义,仅从它的外形上看,确实是方程,但它是空有外表,实则无魂。仔细想想"含有未知数的等式叫作方程"这个定义中的"未知数",就是指这个未知数要参与运算,最后才能知晓它是多少,这也是代数思想与算术思想的根本区别。在"$x=3$"里,x没有参与运算,算不上"未知"。再如"$12-4=x$"也是这个道理,空有其表,不能算作是真正意义上的方程。另外,不是所有含字母的等式都是方程,就如加法交换律"$a+b=b+a$"、乘法交换律"$ab=ba$",这里的字母代指任何数,也不是方程。

小数乘法竖式

2.4 × 0.85 = (　　)

```
    24
×   85
   120
  1920
  2040
```

也可以写成：

```
    2.4
× 0.85
   120
  1920
  2.040
```

叮叮在学习小数乘小数时，发现了一个问题：我们之前学习的整数加减乘除竖式、小数加减竖式都是相同数位对齐，为什么小数乘法竖式却是末尾对齐呢？

原来如此

小数乘法竖式是末尾对齐，也就是末位对齐，而不像小数加减法的竖式那样是相同数位对齐，这是一个值得思考的数学问题。我们在计算小数乘小数时，是先把小数点去掉当作两个整数相乘，整数乘法的竖式是相同数位对齐，也就是个位要和个位对齐，即末尾要对齐，计算结束后再看乘数中一共有几位小数，就从积的右边起数出几位点上小数点。例如：计算“2.4×0.85”，先把末尾对齐，也就是不管小数点，相当于写成“24×85”的竖式，算出“24×85”后，从积的右边起数出三位，点上小数点，就得到了最后的结果。

谁去参赛

让成绩稳定的人去。

让能带来惊喜的人去。

教练要根据两位运动员平时训练成绩选一人去参赛。甲选手成绩不稳定，但有一次成绩破了世界纪录；乙选手成绩稳定，平均成绩比较高。选谁去呢？

原来如此

这是一个生活中的现实问题，更是一个值得研究的数学问题。

在生活中，我们也遇到过类似的问题，真不好决定。让甲去吧，他又不稳定；乙虽稳定，但并不是顶尖水平。如此两难时，我们就得说“数学”了。教练掌握的情况，都是平时的统计数据。而统计学对结果的判断标准只有“好坏”，而不是“对错”。派谁去，关键要看这是一个什么比赛。如果是跳远，按规则，每人跳三次，取最好的一次作为最后成绩，选择甲这个虽不稳定却有惊人实力的选手去是比较好的。如果射击呢？按规则，每一枪的成绩都计入总分，选择稳定的乙去更合适一些。

平均速度

淘气登成都塔子山公园里著名的九天楼，上楼速度为每分钟20米，到达楼顶后沿原路下楼，下楼速度为每分钟30米，他的平均速度是多少呢？

原来如此

平均数是指一组数据的和除以这些数的个数所得的商，反映这组原始数据的集中趋势。叮叮的“25”是怎么来的呢？她是把上楼的速度“20”与下楼的速度“30”之和除以2，从字面意思上看似乎在求平均速度，可我们再仔细一想，这是速度的平均，而不是平均速度。因为“速度=路程÷时间”，所以，上下楼的平均速度=上下楼的总路程（总数）÷上下楼的总时间（总份数）。我们可以假定从底楼到顶楼的距离是240米，那么总路程是240×2=480（米），总时间是240÷20+240÷30=20（分），则平均速度为480÷20=24（米/分）。

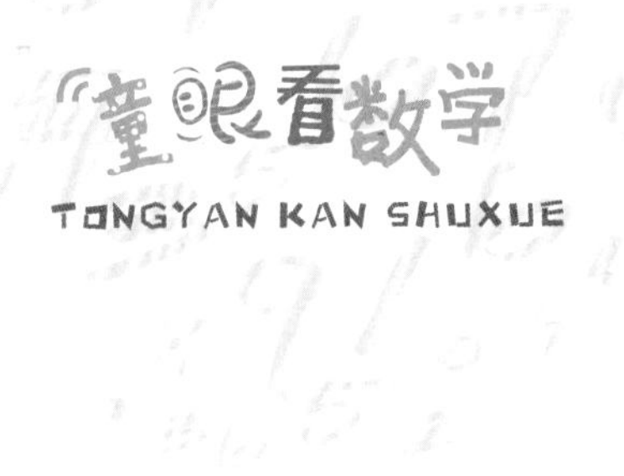
童眼看数学
TONGYAN KAN SHUXUE

高段

Higher Grades

亲爱的同学：

祝贺你进入小学高段的数学世界。经过前面两个学段的学习，大家不仅能独立思考和解决问题，还能在合作交流中让自己的思考变得更加全面和深入。进入高段后，我们要更有意识地结合数学知识解释生活现象，更有策略地运用数学知识解决实际问题。遇到新问题时，要能结合自己已有的学习经验进行有效的迁移、猜想，尝试把“新的问题”转化成“会的问题”。

数学的“变”与“不变”中藏着哪些奥秘？有趣的循环小数是怎么来的？起跑线的确定公平吗？怎样存款获得的利息更多呢？……相信你在这些“为什么”的探索中，会有“原来如此”的恍然大悟。接下来，请和叮叮、咚咚一起去享受数学思考带来的无限乐趣吧。

古埃及人表示分数的方法和现在是不一样的。
好想知道，古埃及人是怎么表现分数的呢？

整除与除尽

在学习小数除法时，叮叮不仅知道了可以怎么去算，还明白了其中的道理。可是关于除法，她也有些犯迷糊的地方：“整除”和“除尽”都有一个“除”字，是一回事吗？

原来如此

先说说“整除”这个概念。若整数a除以非零整数b，商为整数，且余数为零，我们就说a能被b整除(或者说b能整除a)。举个例子：在“115÷5=23”中，被除数、除数和商都是整数，余数为0，我们就可以说115能被5整除或者5能整除115。

再来说一说什么是“除尽”。除法中，只要除到某一位没有了余数（也可以说余0），不管被除数、除数和商是整数还是小数，都可以说是“除尽”。比如情景图中的“11.5÷5=2.3”除到十分位时，就没有了剩余，就叫“除尽”了。

“整除”是整数范围内的除法，而“除尽”则不限于整数范围，只看是否有剩余。“整除”也可以称作“除尽”，因为没有剩余。但是“除尽”却不一定是“整除”。“除尽”中包括了“整除”，“整除”只是“除尽”的一种特殊情况。

添“0”继续算

买4个簸箕共花了26元，每个簸箕多少元？请接着算下去。

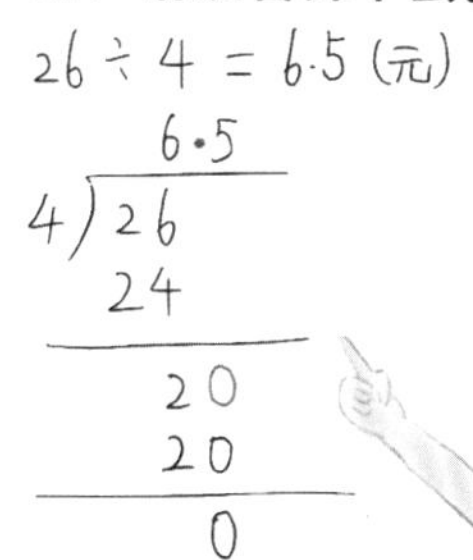

可以添0继续算。

叮叮在计算26除以4时，出现余数2后就不知道该怎样继续算了。咚咚说，在余数2后面添“0”，就能继续除下去了。但是在2后面添0，2就变成了20，这不是把余数扩大到原来的10倍了吗？这样算出来的结果对吗？

原来如此

我们可以这样想：2在个位上，添的这个0是在十分位上，2变成了2.0，大小不变。这是符合小数的基本性质的。2变成2.0以后，虽然大小没有变，但是计数单位变了，从2个“1”变成了20个“0.1”，得到的商“5”，表示的也是5个“0.1”，也就是“0.5”。当然，明白这个意思就行了，在实际计算时，没有必要每一步都去想这些道理。在实际计算时，只需要先在被除数个位后添上小数点，小数点后面添0，再按照整数除法的方法继续往下除，最后对齐被除数的小数点位置，在商里加上小数点就行了。

把除数变成整数

谁打电话的时间长

国内长途
每分0.3元

通话费5.1元

国际长途
每分7.2元

通话费54元

叮叮打电话的时间是多少分钟？说一说你是怎么想的。

5.1元 = 51角
0.3元 = 3角
51 ÷ 3 = 17分

5.1 ÷ 0.3
= (5.1×10)÷(0.3×10)
= 51÷3
= 17(分)

被除数、除数同时扩大到原数的10倍，商不变

除数是小数时的计算方法与整数除法其实是一样的，但叮叮有些道理始终没想明白。比如：为什么小数除法要先把除数转化成整数以后再除？为什么不把被除数转化成整数呢？为什么不把被除数和除数都转化为整数呢？

原来如此

学数学也好，解决实际生活问题也好，“转化”都是很重要的思想方法。当进行小数除法计算时，我们也是用商不变的规律来转化的。比如计算“5.1÷0.3”时，我们可以转化成计算“51÷3”。

当被除数比除数的小数位数多的时候，我们一般采用把除数转化为整数的原则。比如“0.75÷0.3”，我们一般只会把被除数和除数同时扩大到原来的10倍而不是100倍，即“7.5÷3”而不是“75÷30”，这是因为只要把除数转化成整数，我们的计算就很方便了。当然，用“75÷30”计算也可以得到正确结果，但你可以比较一下，是除以3好算一些，还是除以30好算一些呢？

当除数是小数

除数是小数的除法的书写格式

2.3 ⟌ 7.8.2　　　23 ⟌ 78.2

知道了除数是小数的除法计算中的道理，可以利用“商不变的规律”把除数转化成整数来进行计算。在书写的时候，叮叮有些左右为难：上图中哪种书写格式更好呢？

原来如此

我们先来分析两种竖式写法：一种是依旧使用原来的竖式，在原来的竖式中移动小数点；另一种是直接写出转化以后的竖式。如果不考虑具体情境，其实都是没有问题的，算出来的结果都是相同的，甚至直接写出转化以后的竖式还更整洁一些。但是如果我们用这两种竖式来解决实际的问题，就能看出两者的区别了。

我们一起来解决：一条绳子长7.82米，每2.3米为一段，可分成几段？还剩下多长？

在这样的情境中再来看这两种竖式的书写，就能体会到哪种更好了。因为保留了原来小数点的位置，我们可以清楚地看到余数代表的真正意义——还剩0.92米，而不是9.2米。因此，我们一般都习惯用第一种方式进行书写。这个问题也让我们认识到，在利用“商不变的规律” 把除数转化成整数时，被除数和除数扩大了相同的倍数，商虽然不变，但是余数却随之扩大了相同的倍数，我们一定要对应地缩小还原余数。

有趣的“循环小数”

● **这么有趣的循环小数是怎么来的呢?**

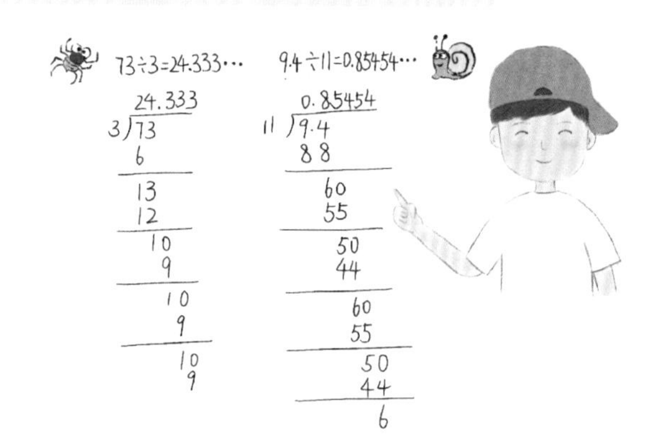

咚咚新认识了一类“有趣”的小数。这类小数的小数部分从某一位起，一个数字或几个数字会依次不断地重复出现，这类小数有个形象的名字——循环小数。咚咚很好奇，这么有趣的循环小数是怎么来的呢？

原来如此

在我们做除法的时候，如果除到被除数的最后一位还没有除尽，可以在余数后面添0继续除。在除了若干次后，如果周期性地出现相同的余数，同时，商的小数部分的数字也开始依次不断重复出现，这个商就是循环小数。其实，在我们的学习范围内，两个数相除，要么除尽，得到整数或有限小数，要么就一定是循环小数。

在计算9.4÷11时，我们可以发现余数6和5总是交替出现，而商总是5和4交替出现。那循环节究竟是“54”还是“45”呢？其实我们找循环节都是从第一个重复出现的数字开始的。怎么判断两个数相除的结果是不是循环小数呢？首先要让被除数和除数互质，比如2÷4可以转化为1÷2。然后再观察除数的质因数就行了。如果除数只含有2或5这两种质因数，商就是整数或有限小数；如果除数含有2和5以外的其他质因数，那么商是循环小数。这又是为什么呢？聪明的你，想一想吧。

轴对称图形

左右两边的图形
大小和形状都一样，
它是轴对称图形。

无论沿哪条直
线对折，两边图形
都不能完全重合，它
不是轴对称图形。

学习了轴对称图形以后，叮叮认为平行四边形是轴对称图形，因为沿着平行四边形上下两条边的中点连线剪开的话，得到的两个图形是可以完全重合的。咚咚觉得这个说法不对，但怎么说服叮叮呢？

原来如此

数学里的轴对称图形，指的是一个图形沿一条直线对折，直线两旁的部分能够完全重合。这条直线叫作对称轴，我们也可以说这个图形关于这条直线对称。在轴对称图形中，对称轴两侧的对应点到对称轴的距离相等。

叮叮之所以认为平行四边形是轴对称图形，是因为她把平行四边形沿着上下两条边的中点连线剪开后，得到的两个图形确实可以重合，但是沿这条线折叠以后，两边的部分不能完全重合，所以平行四边形不是轴对称图形。在数学世界里，还有一种图形叫中心对称图形，非常好玩，有兴趣的同学可以去了解一下。

平移和平行

咚咚乘坐缆车的时候，发现缆车是在做平移运动，还发现两条缆车线是平行的。咚咚觉得平移和平行很像，那它们是一回事吗？

原来如此

平行是一种状态，例如门框两条相对的直直的边，两边之间的距离处处相等，我们就说这两条边是平行的。而平移是物体的一种运动方式，物体沿着一条直线运动，就是平移。在平移过程中，物体的形状大小等都不发生改变。所以，平移和平行不是一回事。虽然不是一回事，但是平行和平移也是有联系的。平行可以由平移得到。比如我们画平行线，就是先画一条线，然后通过三角板和直尺的配合平移画出与它平行的另一条线。

“倍”和“倍数”

在非0自然数范
围内研究倍数和
因数。
9×4=36，36
是9和4的倍数，
9和4是36的因数。

咚咚刚认识了“倍数”和“因数”。爱思考的他发现“倍数”是通过乘法来认识的。以前学过的“倍”也是通过乘法来认识的。那“倍”和“倍数”是一回事吗？

原来如此

“倍”和“倍数”有差别吗？我们可以回到两者意义本身来分析。

“倍”是指两个数之间的一种关系，更多是一种生活用语。例如：$2.5\times4=10$，我们可以说10是4的2.5倍，或者10是2.5的4倍。乘法算式里的3个数可以不是整数。

“倍数”是在数学“整除”这个版块里的专门用语，一般只在非0自然数范围内讨论。“倍数”和“因数”是相互依存的，不会单独说哪个数是倍数。例如：$4\times9=36$，我们可以说36是9和4的倍数，9和4是36的因数。

0的奇偶性

这里都没有提到0，那0是偶数吗？
像2,4,6,8,…这样的数，是2的倍数，也叫偶数；
像1,3,5,7,…这样的数，不是2的倍数，也叫奇数；

叮叮发现新学的偶数里面竟然没有0。但0 ÷ 2=0，那0是2的0倍数吗？那0是不是偶数呢？

原来如此

先说一说0。关于0是不是自然数，曾经也有过争论。自然数是用来计量事物的件数或表示事物次序的数。当表示一个也没有时，我们就用0来表示。因此，在1993年颁布的《中华人民共和国国家标准》中，《量和单位》第311页规定：自然数包括0。

再来说一说偶数。像2，4，6，8，…这样的数，是2的倍数，也叫偶数。这是在利用“2的倍数”来认识和定义偶数。在小学阶段，为了回避“0是2的多少倍”之类的困惑，我们只在非0自然数范围内研究倍数和因数。以后，当扩大研究范围后，我们就会知道“能被2整除的整数叫作偶数”，0是偶数。

“倍数”的特征

各个数位的上数字之和是3的倍数，这个数就是3的倍数。

大胆猜测：那9的倍数会不会有同样的特征呢？

叮叮在学习了“倍数与因数”后，通过列举验证知道了，如果一个数各个数位上的数字之和是3或9的倍数，那么这个数就是3或9的倍数。那为什么3和9的倍数会有这样的特征呢？

原来如此

我们先用$\overline{ABCD}$来表示任意的一个四位数。

$$\overline{ABCD}=1000A+100B+10C+D$$
$$=(999A+A)+(99B+B)+(9C+C)+D$$
$$=(999A+99B+9C)+(A+B+C+D)$$

$(999A+99B+9C)$一定是9的倍数，也是3的倍数。那么我们只需要研究$(A+B+C+D)$是否是3或9的倍数就可以确定这个数是否是3或9的倍数了。所以，要判断一个数是不是3或9的倍数，就可以看这个数的各个数位上的数字之和是否是3或9的倍数。不难发现，如果这个数是9的倍数，那它也一定是3的倍数。

质数、质因数和互质数

质数、质因数、互质数好难区分呀！
一个数只有1和它本身两个因数，这个数叫作质数。
一个数除了1和它本身还有别的因数，这个数叫作合数。
1既不是质数，也不是合数。

叮叮发现质数、质因数和互质数这三个说法极易混淆，因为它们都有“质”和“数”两个字。怎么才能正确地区分它们呢？

原来如此

质数是一个数本身的特征。一个大于1的自然数，如果只有1和它本身两个因数，这个数就叫作质数，也称素数。古人认为这是最基本、最质朴的数，因此得名，如2、3、5、7等。

质因数是因数中的一种。当一个合数的因数是质数时，我们就说它是这个合数的质因数。比如：$18=2\times3\times3$，这里的2、3、3都是18的因数，而2和3本身又都是质数，于是我们就把2和3叫作18的质因数。

互质数是两个数之间的一种关系。两个自然数，当它们的最大公因数是1的时候，这两个数互质，这两个数就可以叫作互质数，它们之间存在互质的关系。

三位数重复的秘密

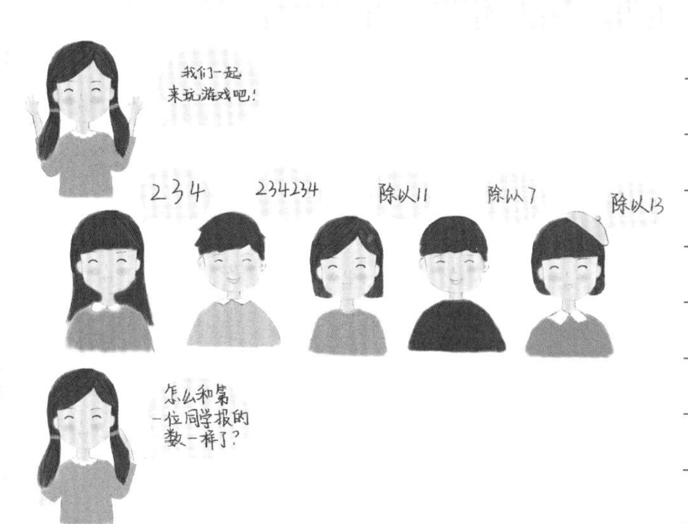
我们一起
来玩游戏吧!
234
234234
除以11
除以7
除以13
怎么和第
一位同学报的
数一样了?

叮叮任意写了一个三位数，然后把这个数按同样的顺序再写一遍，变成六位数，然后让一位同学将这个六位数除以7，把结果告诉下一位同学，下一位同学继续除以11，把结果告诉再下一位，再除以13，叮叮没有动笔计算，但却迅速准确地说出了最后的结果，这有什么诀窍呢？

原来如此

这个结果，就是叮叮最初写的三位数。其实，我们交换7、11、13的顺序，还是会得到这个答案，确实很神奇。

我们逆向思考一下，$11\times13\times7=1001$，$1001\times234=234234$，这就是答案。原来，任意一个三位数重复写一次组成的一个六位数一定含有因数1001，而$1001=11\times13\times7$。所以任意的三位数在重复后得到的六位数一定可以在除以11、除以13、除以7后，最终会得到原来的三位数。如果我们写成竖式，这个规律就更加直观。其实，很多不可思议的现象背后，就是一个简单的数学规律。

神奇的数字7

数字7，再普通不过的一个数字。但是，在数学家眼里，它可代表着神奇；在生活里，与“7”相关的神秘也层出不穷。关于“7”，你了解多少呢？

原来如此

夜晚的星空中有耀眼的北斗七星，火红的太阳会放射出鲜亮的七色光，音乐简谱中有7个动听的音符，童话故事里有7个可爱的小矮人，神话传说中有美丽的七仙女的故事，多样的昆虫中有漂亮的七星瓢虫……

在数学里，“7”可谓绝妙，我们先来看一组有意思的算式。

142857×1=142857，142857×2=285714，142857×3=428571

142857×4=571428，142857×5=714285，142857×6=857142

没看出什么神奇吧？那下面这个式子呢？

142857×7=999999，哈哈，大吃一惊吧。那你再算一算以下的算式吧。

1÷7=？ 2÷7=？ 3÷7=？ 4÷7=？ 5÷7=？ 6÷7=？

算完后，你都有哪些发现呢？

图形的“高”

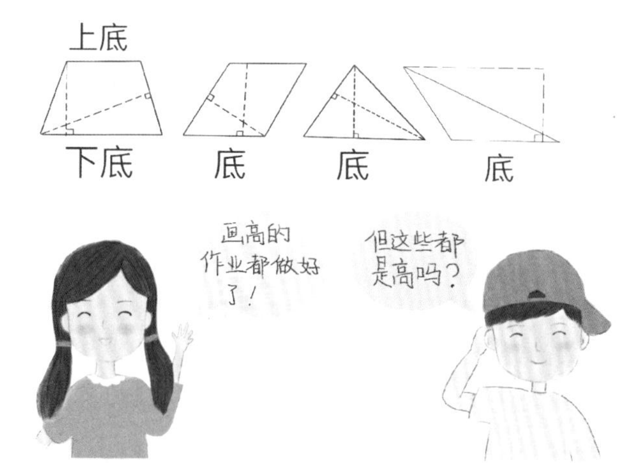

上底
下底
底
底
底
画高的作业都做好了！
但这些都是高吗？

在认识多边形的底和高后，咚咚发现，有时我们会说高是一条线段，如“从顶点到对边所作的垂线段叫作高”；有时又会说高是一个长度，如“梯形两底之间的距离叫作高”。这可让人迷茫了，难道书上有错吗？

原来如此

要解这个惑，我们先聊聊语文里的“高”吧。“高”的本义是指从上到下的距离大，比如说“他个好高”。但数学里的“高”，却不一定非要很“高”，短短的也可以叫高。数学里的高一般是指一条线段，也就是从图形顶点或一条边上的一点到对边所在直线所作的垂线段。因此，一个三角形只能画出三条高，而一个梯形却可以画出无数条高。但很多时候，我们不只画出高就完了，当我们进行面积相关的运算时，就要用到这条垂线段的长度了。如三角形的高是4厘米，其实是指这条垂线段的长度是4厘米。

分数的计数单位

像$\frac{1}{2}$,$\frac{1}{3}$,$\frac{1}{4}$,$\frac{1}{5}$,$\frac{1}{6}$,…这样的分数叫作分数单位。

分数的计数单位有哪些呢?

从一年级到现在，叮叮学习过很多关于单位的知识，比如长度单位、质量单位、人民币单位，那么分数单位是不是分数的计数单位呢？

原来如此

在以前的学习中，我们常用的是十进制计数法。在十进制计数法中，计数单位包含整数部分和小数部分两大块，并按以下顺序排列：……千亿、百亿、十亿、亿、千万、百万、十万、万、千、百、十、个（一）、十分之一、百分之一、千分之一……整数部分没有最大的计数单位，小数部分没有最小的计数单位。

而分数的计数单位和整数、小数有很大的不同，通常不叫计数单位，而是称为分数单位。所谓分数单位，是把单位“1”平均分成若干份，表示这样一份的数（几分之一）就是原来这个分数的分数单位。一个分数的分数单位是由分母决定的，分子则表示这个分数有几个这样的分数单位。不同分母的分数，其分数单位也是不同的。如果要从大到小排列的话，是二分之一、三分之一、四分之一……相邻的分数单位之间没有固定的进率。

通分

分数加减法为什么有时可以直接算，有时却要先通分，再计算呢？
这是由分母决定的。

咚咚学习了异分母分数加减法，知道两个异分母分数相加减时需要先通分，变成分母相同的分数才能进行运算。但他很好奇，为什么要先把分母变成一样呢？通分背后，又有哪些数学道理呢？

原来如此

无论是分数加减法，还是整数加减法，它们计算时的道理都是一样的，就是相同的计数单位相加减。例如我们在低年级学习“2+3=5”的时候，我们是将2个一和3个一合起来，得到5个一，即5。同理，计算“200+300=500”时，是将2个百和3个百合起来，得到5个百，也就是500。为了便于相同计数单位上的数直接做加减法，我们在列加减法的竖式时，会将相同数位对齐。那么我们在计算异分母分数加减法时，是按“先通分，分母不变，分子相加（减）作分子”的运算法则进行的。先通分，就是在分数大小不变的前提下，让两个加数具有相同的计数单位（也就是分数单位），然后把计数单位的个数相加（减）。

古埃及人的分数

古埃及人表示分数的方法和现在是不一样的。

好想知道古埃及人是怎么表现分数的？

叮叮在一本数学阅读资料上了解到古埃及人是这样使用分数的：他们用单位分数或单位分数的和来表示其他分数。例如，他们想表示 $\frac{3}{10}$，不用 $\frac{3}{10}$，而是用 $\frac{1}{5}+\frac{1}{10}$ 来表示。古埃及人那么聪明，为什么会选择这么麻烦的方法呢？

原来如此

这和古埃及人的思考习惯有关。比如四人分着吃三个饼，以我们现在的经验就是先算出每人应得到 $\frac{3}{4}$ 个，然后分就好了。而古埃及人的思路却很有意思：每个人可分得 $\frac{1}{2}$ 个以上，所以先把三个饼切成两半，变成6个 $\frac{1}{2}$，每人拿一块，剩下的2个 $\frac{1}{2}$ 再各自切成两半,变成4个 $\frac{1}{4}$，每人再拿一块。对他们来说，就是（$\frac{1}{4}+\frac{1}{2}$）。这样表示，虽然麻烦了点，但却生动地表示了他们思考问题的过程。为了减少使用的麻烦，聪明的古埃及人将从 $\frac{2}{5}$ 到 $\frac{2}{99}$ 的那几十个分子为2的分数进行了总结，得出了每一个分数该由哪些单位分数相加的结论，并制成了一个表，需要的时候就去查表，这和我们的九九乘法表有异曲同工之妙。

喝果汁

一瓶果汁，叮叮分四次喝完。第一次喝了这瓶果汁的$\frac{1}{6}$，然后加满水；第二次喝了一瓶的$\frac{1}{3}$，然后再加满水；第三次喝了半瓶，又加满水；第四次一饮而尽。叮叮喝的果汁多还是水多呢？

原来如此

果汁和水混合以后，如果我们分别去想每次喝掉了多少果汁和水，那真是头大。其实，我们可以换一个思路思考：最后整瓶果汁和所有加入的水都被叮叮喝掉了，因此，要知道喝的水多还是果汁多，只需要比较原来果汁的总量和加入的水的总量就可以了。果汁的总量就是一瓶，把这个总量看作单位“1”。每次喝了多少，就会用等量的水加满，恢复到单位“1”。也就是第一次加了相当于这瓶果汁$\frac{1}{6}$的水，第二次加了相当于这瓶果汁$\frac{1}{3}$的水，第三次加了相当于这瓶果汁$\frac{1}{2}$的水。而$\frac{1}{6}+\frac{1}{3}+\frac{1}{2}=1$，说明加入的水的总量正好等于果汁的总量。所以，喝掉的果汁和水其实是同样多的。山重水复疑无路时，换个角度思考，说不准就柳暗花明了。

小数与分数

叮叮和咚咚在数学学习中，知道了“分数”与“小数”可以互相转化。但是，他们却发现生活中“分数”与“小数”有时是不能换着用的。这是怎么回事呢？

原来如此

生活中，什么时候“分数”与“小数”可以换着用呢？举个例子来看看：超市里1瓶矿泉水售价1.6元，这里的小数“1.6”表示的是一个具体的“数量”，我们也可以说这种矿泉水的单价是$1\frac{3}{5}$元。因此，当分数表示数量的时候，就可以与小数换着用。但小数更便于比较大小和进行支付，生活中我们更习惯使用整数或小数来表示具体的数量。

那什么时候“分数”与“小数”不能换着用呢？当分数表示分率的时候。例如“我们班$\frac{1}{5}$的同学喜欢踢毽子”，这里$\frac{1}{5}$表示的不是一个具体的“数量”，而是表示两个量之间的一种关系。如果换成小数，就变成了“我们班0.2的同学喜欢踢毽子”，是不是很奇怪？因此，当分数表示两个量之间的关系时，就不能转换为小数。

正方体的展开图

叮叮和咚咚各自把一个正方体的盒子沿着棱剪开，想得到正方体的展开图。咚咚剪开后，有一个面没能和其他5个面连在一起。叮叮告诉咚咚，沿着棱剪开时要注意至少要有1条边相连。听了建议后，咚咚也成功得到了正方体的展开图，但是和叮叮剪的不一样。这是怎么回事呢？

原来如此

其实，把正方体沿着棱剪开，做到至少有一条边相连，即每一个面至少有一条边与其他面相连，这样的剪法有很多种。等到了初中，我们还将对这个知识进行系统学习，这里我们只讨论一点最基础的内容。

展开与折叠，是发展我们空间观念的重要活动。看着一个正方体盒子，先想，它的面一个一个展开后会是什么样子，然后再动手剪一剪，看看和你之前想的是一样的吗？正方体的展开图有11种，按照构成特点，可以分为四大类。具体是哪些，同学们可以尝试着做一做。另外，得到展开图后，可别当成废纸丢了，再想想，如果复原，又是怎么折叠回去的呢？还是先想，再动手。

约分

$$\frac{7}{36}\times\frac{6}{11}=\frac{7}{\cancel{36}_{6}}\times\frac{\cancel{6}}{11}=\frac{7}{66}$$

两个分数相乘，只要分子乘分子，分母乘分母就可以了。
能约分的可以先约分。

约分的依据是“分数的基本性质”，也就是“分数的分子和分母同时乘或除以一个不为零的数，分数大小不变”。但是，叮叮发现在计算分数乘法时，例如$\frac{7}{36}\times\frac{6}{11}$，36和6并不是同一个分数的分子与分母，为什么它们也可以同时约去6呢？

原来如此

两个分数相乘，一个分数的分母与另一个分数的分子约分，通常称为“对角约分”。为什么可以这样做呢？以$\frac{7}{36}\times\frac{6}{11}$为例，我们把计算过程完整呈现后，你就知道答案了。根据分数乘法计算方法：两个分数相乘，只要分母乘分母，分子乘分子就可以了，即$\frac{7}{36}\times\frac{6}{11}=\frac{7\times6}{36\times11}$，这时如果先计算再约分，就非常麻烦。再仔细观察，两个分数相乘的积是一个分数，$\frac{7\times6}{36\times11}$中36和6的公因数是6，6就是积里面分母与分子的公因数，所以可以约去。

分西瓜

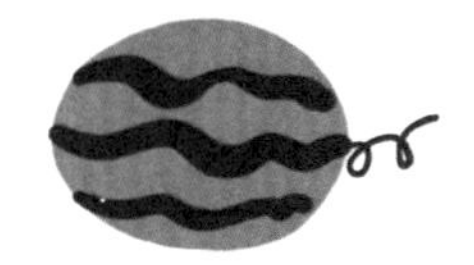
这个西瓜，叮
叮吃$\frac{1}{3}$，咚咚吃
剩下部分的$\frac{1}{2}$，其余……

叮叮听了老师的安排后，有点意见：“我吃$\frac{1}{3}$，咚咚吃$\frac{1}{2}$，这不公平，咚咚吃得比我多啊！”而咚咚却说：“我们两个吃得一样多。”这到底是怎么回事？

原来如此

叮叮是将两个分数直接作了比较，而这里的两个分数都是分率，不是具体的数量。在用分率作比较时，我们一定要注意这两个分率对应的单位“1”的量是否是一样的。不难发现，叮叮吃的是整个西瓜的$\frac{1}{3}$，是把整个西瓜看成单位“1”。咚咚吃的是剩下部分的$\frac{1}{2}$，也就是把剩下部分看作单位“1”。由于单位“1”不同，我们是不能把两个分率直接拿来比较的，需要先统一单位“1”的量。也就是说，我们要先去算一算“咚咚吃了整个西瓜的几分之几”。咚咚吃了剩下的$\frac{1}{2}$，那剩下的部分是整个西瓜的几分之几呢？$1-\frac{1}{3}=\frac{2}{3}$，咚咚吃了整个西瓜的$\frac{2}{3}$的$\frac{1}{2}$，也就是$\frac{2}{3}\times\frac{1}{2}=\frac{1}{3}$。这时候我们能发现，他们都是吃了这个西瓜的$\frac{1}{3}$，所以吃得一样多。

体积与容积

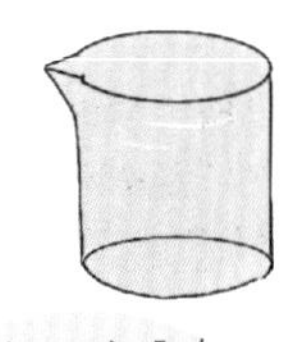

物体所占空间的大小，是物体的体积。

容器所能容纳物体的体积，是容器的容积。

叮叮觉得很奇怪：既然体积和容积是一样的，为什么还需要使用两个名称呢？

原来如此

体积与容积，在数学意义和数学计算方法上本来是相同的。但在现实生活中，却又有着一些区别。像烧杯这样的东西，因为它占了空间，所以它是有体积的；但它又是容器，所以它又有容积。对于烧杯的体积，究竟是指烧杯本身的玻璃实体部分所占空间的大小呢，还是整个外形所占空间的大小？这要取决于什么样的现实背景。如果是厂家在计算一个烧杯需要多少玻璃，那就得把中间空心部份的体积（也就是容积）减去。但如果是仓库保管员计算存放烧杯需要多大空间时，就得算整个外形圆柱的体积了。

体积单位与容积单位

升(L)
立方米(m³)
容器内盛放液体的量一般用升(L)、毫升(mL)作单位。
那为什么冰箱的容量一般用升?游泳池的蓄水量单位是立方米?

在使用体积单位和容积单位时，叮叮困惑了：游泳池里装的是水，用的是体积单位“立方米”；而冰箱里放的一般是固体，却又用了容积单位“升”，这不和袁老师说的相反么?

原来如此

体积是指物体所占空间的大小，容积是指容器所能容纳物体的体积，容积在数学本质上也是体积，所以体积单位和容积单位有所不同但又紧密联系。计算物体的体积，要用体积单位，常用的体积单位有立方米、立方分米、立方厘米等。计算容积一般用容积单位，如升和毫升。容积单位一般用于表示液体如容器内药水、汽油、墨水的体积或用于计量容器内部容量体积的大小。冰箱的原型，是古代盖子从上面打开的长方体的木头冰柜子，它的容积就是指所能容纳水的体积，所以单位用升。现代的冰箱虽然立起来了，但沿用了这样的单位来衡量冰箱容积的大小。而当表示较大容器的容积时，比如游泳池的储水量，毫升和升都不合适，因此我们习惯用“立方米”。

妙记进率

1dm = 10cm,
1dm³ = 1000 cm³。
1m = 10dm
1m³就等于……
1m³是指棱长为
1m的正方体体积，也就
是棱长为10dm的正方体体
积，所以1m³……

在学习体积单位的换算时，叮叮有了压力：学过的度量单位越来越多，长度单位、面积单位、体积单位。不同种类单位之间的进率又各不相同，需要记住的东西实在太多了。

原来如此

学习要善于观察和思考，才会轻松高效。虽然长度单位、面积单位、体积单位进率都不一样，但只要我们掌握了长度单位的进率，那么面积单位与体积单位的进率我们就都能推导了。例如我们知道“1米=10分米”，又知道正方形的面积是“边长×边长”，那就可以得出1米×1米=10分米×10分米，也就是“ 1平方米=100平方分米”。于是我们可以这样去记忆：从相邻长度单位进率为10，可以推算出相邻面积单位的进率就是10的2次方，也就是100；同理可得相邻体积单位的进率就是10的3次方，也就是1000。由此可见，我们先想相邻长度单位的进率，再去推算我们所需的相邻面积单位或相邻体积单位的进率就好了。再来举个例子，想知道体积单位立方分米和立方厘米之间的进率，我们可以先想一想长度单位分米与厘米的进率（10），那么立方分米和立方厘米的进率就是10的立方，也就是1000。

妙求体积

咚咚学习体积知识的时候发现，这块棱角很多的石头既不是长方体，也不是正方体，它的体积不能直接用公式算，那可怎么办呢？

原来如此

其实早在两千多年前，阿基米德就遇到了同样的难题。国王想知道工匠为他打造的纯金皇冠是否是真材实料，要求阿基米德不破坏皇冠，想办法检查出皇冠内部是否被工匠偷偷地灌注了其他金属。这可是个难题呀！一天，阿基米德洗澡时发现自己一踏进澡堂水就溢出到了池外。于是，他受到了启发。可以通过排出去的水的体积确定皇冠的体积，再测查黄金密度与体积的关系，就能测查出皇冠是否为纯金打造的了。

看完这个故事，你是否也想到了测量石块体积的方法呢？我们测量不规则物体的体积，可以用“排水法”。把石头完全浸没在注满水的容器中，石头占了容器中的一部分空间，水会被“挤”出来，而被“挤”出来的水的体积正好与石头的体积相等。我们将溢出去的水再装到规则的长方体、正方体、圆柱体容器中，通过“底面积×高”就可以算出水的体积了。这种方法其实就是把不规则物体的体积转化为规则物体的体积来测算。

分数除法

$\frac{4}{7}\div 2=\frac{4\div 2}{7}=\frac{2}{7}$

$\frac{4}{7}\div 3=\frac{4}{7}\times\frac{1}{3}=\frac{(\ \ )}{(\ \ )}$

学习分数除法时，老师教了一个办法，就是“除以一个数（0除外），等于乘以这个数的倒数”。对于书上的举例归纳、数形结合等方法，叮叮和咚咚都理解不透。

原来如此

这是个很有意思的问题。不管是举例归纳，还是数形结合，在数学上，都很好地讲清了为什么“除以一个不为0的数，等于乘以除数的倒数”。但对同学们来说，理解起来确实困难。这里，袁老师带给大家一种不一样的思考。对于“$\frac{3}{8}\div\frac{5}{7}$”和“$\frac{13}{27}\div 1$”这两道题，你觉得哪一题容易些？当然是第二题，因为除以1相当于没有除啊。那第一题的“$\frac{5}{7}$”要是变成“1”不就容易计算了吗？怎么变？乘以它的倒数“$\frac{7}{5}$”不就行了，但这个时候这题可变成了“$\frac{3}{8}\div(\frac{5}{7}\times\frac{7}{5})$”，大小也改变了。怎么办？根据商不变的规律，要想结果不变，被除数也乘以这个数！再看看：$\frac{3}{8}\div\frac{5}{7}=(\frac{3}{8}\times\frac{7}{5})\div(\frac{5}{7}\times\frac{7}{5})=\frac{3}{8}\times\frac{7}{5}$。聪明的你，明白了吗？

确定位置

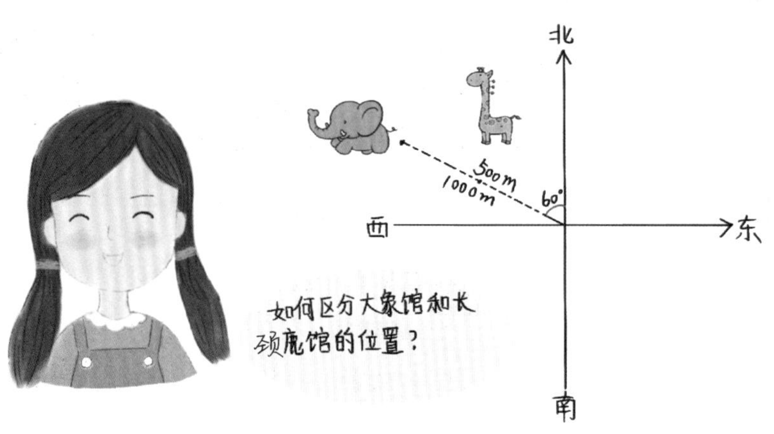

叮叮发现在生活中给别人指路确定位置的时候通常会说往左、往前走多远，而数学学习中要确定位置需要使用方向角和距离。生活中和数学中，确定位置的方法为什么会有所不同呢？

原来如此

在数学中，我们在地图上确定某地的位置时，侧重于以观察中心为标准来确定目的地和观察中心的位置关系。这时采用“东、南、西、北”来描述方向，更便于大家的理解和交流。对于两个基本方向之间的地点，还需要使用方向角来描述。例如，上图中大象馆和长颈鹿馆都在喷泉广场的北偏西60° 的方向上。确定了方向还不够，在这个方向上的地点可不只一个。怎么说清要找的地点在哪里呢？再加上目的地到观察点的距离就可以了。但生活中指路指方向，双方在具体的场景中，侧重于说清具体路线，如何快捷到达目的地，所以不会如数学一般说得那么精准。虽然生活中和数学中确定位置的方法有所不同，但是本质都是一样的，都需要根据方向和距离来确定。

包装中的学问

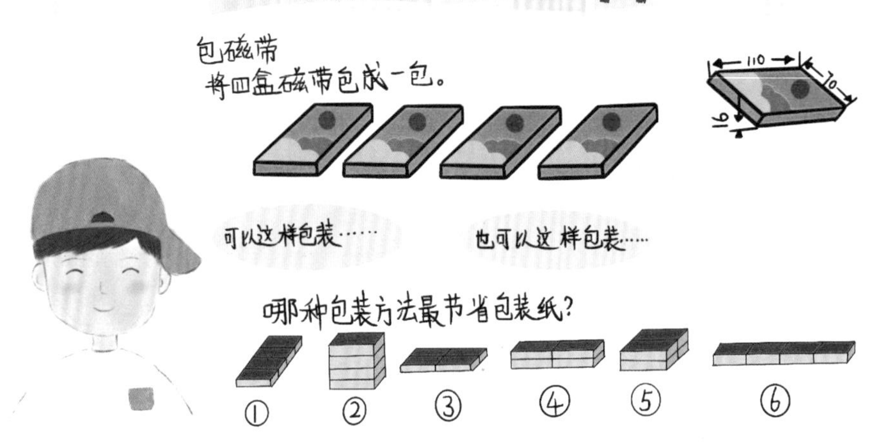

包磁带
将四盒磁带包成一包。
110
70
16
可以这样包装……
也可以这样包装……
哪种包装方法最节省包装纸?
①
②
③
④
⑤
⑥

为了找到最节省包装纸的包装方法，咚咚逐一计算出每种情况的表面积再比较。但如果有更多的盒子，又该怎么办呢？还有什么更好的方法吗？

原来如此

你能找到上面这6个包装方案的相同之处吗？对了，它们的体积始终不变。告诉大家一个重要线索，在体积相等的情况下，正方体的表面积小于长方体的表面积。所以，在等体积的情况下，形状越接近于正方体，表面积就会越小。根据这个道理，我们把6种方案的长、宽、高都列出来，用每个方案中的最长边减最短边，相差数最小的那组的长、宽、高也最接近，也就是上图中的第二种情况$110\times70\times64$。也可以先想4个小长方体的总体积为$110\times70\times16\times4$，要使得组合成大长方体的长、宽、高更接近，只有$110\times70\times64$，此时长方体的表面积最小。这样，就不用逐一去计算出6种方案的表面积再比较啦。

统计图

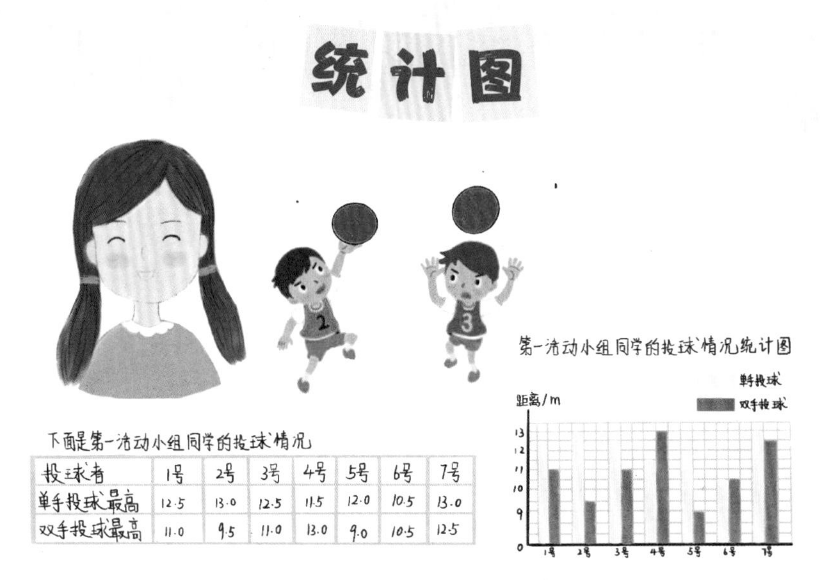

下面是第一活动小组同学的投球情况

投球者	1号	2号	3号	4号	5号	6号	7号
单手投球最高	12.5	13.0	12.5	11.5	12.0	10.5	13.0
双手投球最高	11.0	9.5	11.0	13.0	9.0	10.5	12.5

叮叮在思考，学校投球比赛中到底是单手投球远还是双手投球远呢？她认为只要分析收集的数据就好啦！可是咚咚却说他还要绘制一个统计图才能进一步分析，有这个必要吗？

原来如此

很早以前，人们就已经有了统计意识，知道利用收集到的数据进行分析、预测、制定措施。据记载，我国周朝就设立了负责调查和记录数据的官员，称为“司书”。但是，当收集到的数据信息非常多的时候，就很难看出数据之间的关系了。这时整理、分析数据就显得非常重要。可以根据需要从高到低或从低到高整理数据，也可以分段整理数据。但是这还不够直观。后来人们又根据数据绘制出条形统计图，只看直条高低就能一目了然地看出数据的多少、谁比谁多、谁最多、谁最少等信息，特别便于比较。为了方便看出事物变化的趋势，人们设计出了折线统计图。为了方便看出各部分与整体之间的关系，人们设计出了扇形统计图。根据不同的使用目的产生了不同类型的统计图，有了各种统计图，就可以让原来多而乱的数据变得非常直观。

平均数

少儿歌手大赛的成绩统计表

	评委1	评委2	评委3	评委4	评委5	平均分
选手1	92	98	94	96	100	
选手2	97	99	100	84	95	
选手3	90	98	87	85	90	

叮叮发现在比赛中，有的评委打分太高，有的打分又太低。咚咚告诉叮叮不用担心，比赛时通常都会采取去掉一个最高分和一个最低分，再算平均分的记分方法。可是，叮叮却想不明白其中的道理。平时计算全班考试成绩的平均分时，为什么就没有去掉一个最高分和一个最低分呢？

原来如此

比赛中，评委打分可能因个人喜好而导致不太客观的评分出现，从而影响评审结果的公平公正。而去掉一个最高分和一个最低分，正是为了避免不客观的打分，以保证平均分能更客观地反映事实情况。例如：有10个评委分别给一位选手打分，分别是95，94，93，93，92，91，91，88，88，64。比较这10个得分，大多数评委都给了90分以上，而64分显然就太极端了。如果选手的平均分要上90分才能晋级，按照大多数评委的打分，这位选手是应该晋级的。但如果用这10个数据计算出的平均分是88.9分，因为一个极端数据64分，选手就无法晋级了。而“去掉一个最高分，去掉一个最低分”以后的平均分是91.25，选手就可以晋级了。显然，这样做更合理，可以避免因一个不正常的评分（极端数据）而影响结果。

但是，求全班考试成绩的平均分就不一样了。因为成绩都是根据应试者自己的实力考取的，不会出现因个人喜好而不客观的分数。计算全班考试成绩的平均分不用去掉最高分和最低分，这样才能更准确地体现整个班的学习水平。还有，平均数是一个“虚拟”的数，它可不一定真的会在这一组数据中出现。

三“数”争功

统计大楼里“数”声鼎沸，究竟是怎么回事呢？平均数、众数、中位数这“三数”在争论谁才是最有用的数！

原来如此

多亏了袁老师来解围：“平均数与一组中每一个数据都有关系，可以充分反映这组数据中所包含的信息，在进行统计分析时有重要的作用，但是容易受到极端数据的影响。中位数是在一组数据的数值排序中处于中间位置的数，就像‘分界线’，可以帮助我们了解大致的趋势。众数是一组数据中出现次数最多的数，侧重于数据出现的次数的关注，它的大小只与一组数据中的部分数据有关，当一组数据中有较多的数据是重复出现时，众数往往就成为大家所关心的。所以你们各有所长，也各有所用。”

听了袁老师的话，平均数、众数和中位数都明白了自己的优点和用处，握手言和，携起手来共同为数学王国的数据统计服务。

圆形的车轮

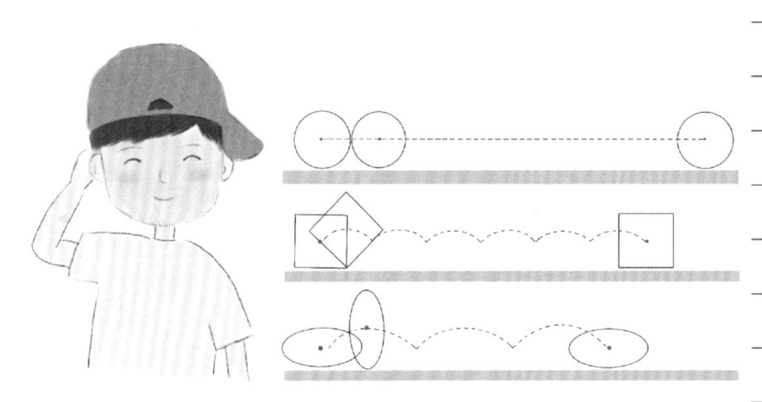

咚咚发现不管是哪种车，轮子都是设计成圆形的。如果把车轮设计成其他的形状，会是什么情况呢？于是他和好朋友一起用硬纸板做了几个不同形状的“车轮”。同学们想象一下，当你坐在一辆正方形轮子的车上，哈哈，会是一种什么样的体验？

原来如此

这是一个非常有趣的问题。

古人有一句话，叫“圆，一中同长也”。通过前面的学习，我们知道圆心到圆上任意一点的距离是相等的，当圆形车轮在滚动时，圆心（车轴的位置）和地面的距离是一样的，所以很平稳。当我们把铅笔尖放在圆心位置，当圆沿着直尺滚动时，可以清楚地看到，铅笔留下的痕迹也是直直的。如果有一辆车，车轮是正方形的，坐在上面的感觉会是什么样的呢？正方形的中心点到围成正方形的四条边上各个点的距离不一样，也就是车轴到地面的距离不一样，当坐在这样的车上时，我相信，那种上下颠簸，比坐轿子还晃得厉害吧。不过，你可别以为真没有这样的车。在国外的游乐场里，就有轮子是方形的、椭圆形的车，在特制的车道上行驶起来，别有一番乐趣。

烧脑的“无限”

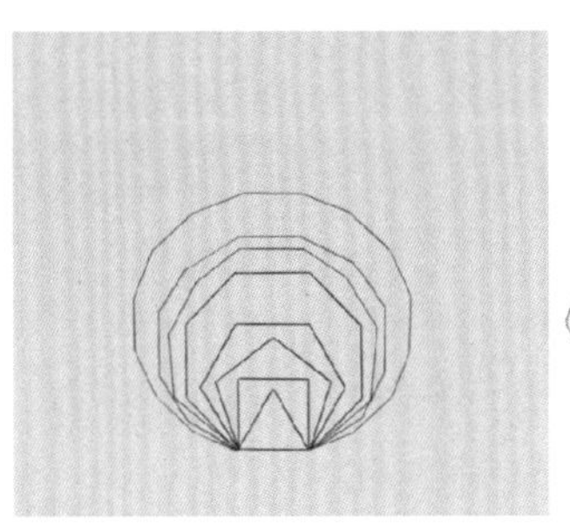

在圆的学习中，老师请大家观察上图。叮叮发现：“这些图形的边都是一样长的，但边的数量在逐渐增多。”咚咚说：“我发现边越多，这个图形越像圆。”老师说：“当边的数量无限增多下去，就变成了一个近似的圆。”两人听得一头雾水，这明明是一条条的直线段啊，怎么就变成圆了呢？

原来如此

还有比这更不好理解的“无限”呢。比如，$0.\dot{9}=1$，不论后面有多少个9，好像总是少了那么一点点，关于“无限”，确实挺烧脑的。

其实在我们之前的学习中，“无限”已经出现过很多次了。例如：自然数的个数有无限多个，你总是找不到最大的那个；$1\div3=0.333\cdots\cdots$循环数字“3”的个数是无限多的；还有直线是可以向两端无限延伸的……其实“无限”很多时候是指一个值，一个无穷大或者无穷小的值。和“无限”密切相关的，是一个叫“极限”的词。极限是一种很重要的数学思想，是将事物假设到最极端的情况下来考虑分析，我们在推导圆的面积、圆柱的体积的计算方法时都会用到。是不是还不够清楚？那就这样想吧：如果你觉得哪儿还不够圆，就再增加一倍的线段；如果你觉得还没有1那么大，就再在后面增加一个9。

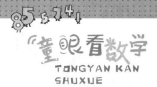

不可思议的圆周率

圆的周长总是直径的3倍多一些。

实际上，圆的周长除以直径的商是一个固定的数，我们把它叫作圆周率，用字母π表示，计算时通常取3.14。
圆周率的值为"3.14159265358979 32…"，圆周率是无限不循环小数。

叮叮在学习圆的周长时，用测量到的圆的周长除以直径得到了"3"这个值。而老师告诉大家："圆的周长除以直径的商就是圆周率，圆周率是一个无限不循环小数。"周长和直径就摆在那里，又不会变，为什么商就是一个无限不循环小数呢？

原来如此

很多人都会觉得难以理解，圆的周长除以直径怎么可能算不完呢？随着世界上超级计算机的出现，圆周率已经计算到小数点后十万亿位了，也没有出现循环小数。科学家也已经证明，圆周率确实是无限不循环小数。在我国，圆周率最开始是从"割圆术"中求出来的。我国魏晋时期杰出的数学家刘徽，就用这种办法算到了圆内接正192边形，得到了圆周率的近似值3.14。简单地说，如果圆中有一个正六边形，变成了正十二边形，看起来会跟圆更接近，但它始终不是圆，哪怕它的边继续分割、分割……它永远都是正多边形，而不可能成为真正意义上光滑的曲线图形。公元前3世纪，古希腊的阿基米德就开始探索研究与圆周率有关的知识。他用正多边形从圆内和圆外逐步逼近圆的研究方法，改变了以往仅通过测量方法研究的局限，为后来研究圆周率提供了新的方法，影响深远。我们今天用测量的办法来求周长与直径的比值，只能算出一个大概的倍数关系。

买披萨中的数学

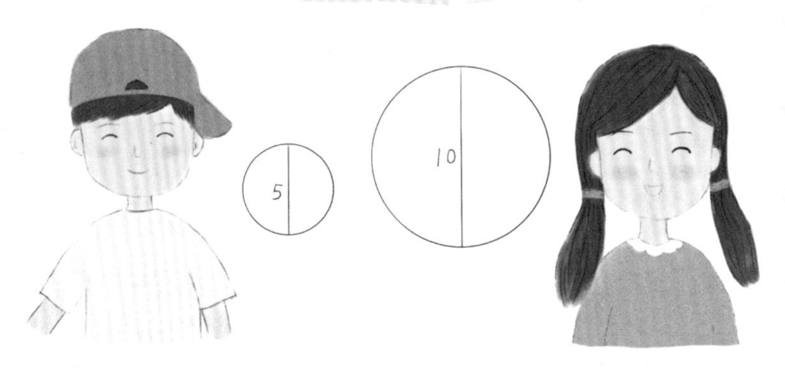

咚咚在披萨店订了一个9寸的披萨作为晚餐。快到晚餐时，他接到了披萨店老板的电话。老板很真诚地告诉咚咚9寸的披萨销售完了，披萨店决定配送两个5寸的披萨。为了表示歉意，老板说两个5寸的披萨合起来就是一个10寸披萨，多的1寸作为给咚咚的补偿。第二天，叮叮听说了这件事后，却说账可不能这么算，这到底是怎么回事呢？

原来如此

披萨店老板误认为两个5寸的披萨等于一个10寸的披萨，一个10寸的披萨大于一个9寸的披萨。其实我们吃的披萨大小是指披萨的面积。一个9寸的披萨（1英寸等于2.54厘米）相当于直径是22.86厘米的圆，那么这个披萨的面积就是3.14×11.43^2，约等于410平方厘米。一个5寸的披萨相当于直径是12.7厘米的圆，面积是3.14×6.35^2，约等于127平方厘米。一个9寸的披萨的面积比3个5寸的面积还要多。这个账果然不能这么算。在生活中，很多时候凭直觉做出的判断，都会出现漏洞，我们应该讲求科学精神，严谨地思考问题。

当然，除了用刚才计算面积的方法，还有一些巧妙的办法。比如：把两个5寸的披萨放到10寸里面，一下子就看出问题来了。

起跑线的秘密

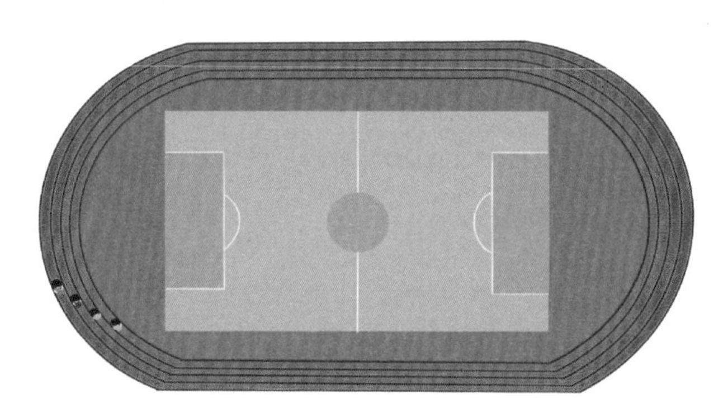

叮叮看田径比赛时，发现在400米跑步比赛中，运动员所在的起跑线位置是不一样的，这样做公平吗？

原来如此

国际性径赛中使用的场地是由两段100米长的直道和两段弯道组成的。第一道周长为400米，弯道半径在36~38米之间，半径r=36.5米的称为标准400米田径场，并设有6~8条跑道，道宽为1.22米。几条跑道中，除了第一道是400米，向外的每一条跑道长度都不一样。我们可以从图中看出，直道的长度都一样，重点来看弯道。当跑道的宽度为1.22米时，每向外一条，它的长度就会增加。如果第一条跑道的弯道长为（πd）米，那么第二条的长度应为π（d+1.22×2）米。通过比较，我们可以知道，第二条的长度比第一条的长度长2.44π米，约7.66米。如果跑道的宽度为1.25米，我们会发现，第二条跑道比第一条跑道长2.5π米，约7.85米。如果都从同一起跑位置开始，那么越往外的运动员就跑得越长。所以，越往外的跑道，起跑的位置应越往前一些，这样设置后能保证每个运动员跑的长度都是400米。

说到这里，请大家思考一个相似的问题：如果有一条绳子紧贴地球的赤道，现在我们想让绳子离开地面1米，这条绳子要增加多少米？算一算，结果是不是出乎你的预料？

心脏线的传说

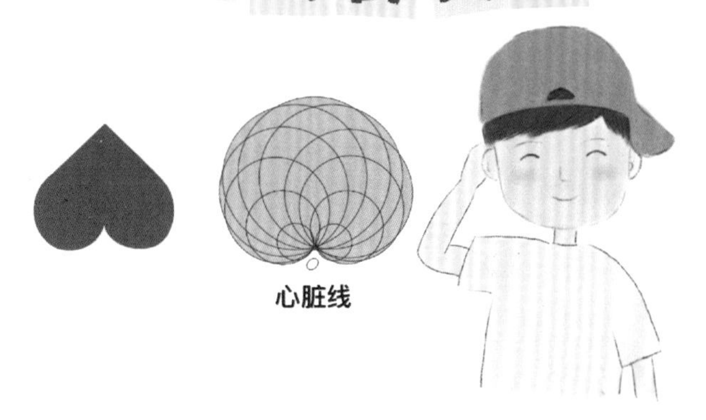

咚咚在圆的拓展课上，知道了在数学里，有一个美丽而神奇的图形——心脏线。美丽是因为粗略一看，是一个心形，但仔细一看，你会发现它是一个由很多大小不同的圆组成的轴对称图形，那神奇又是指的什么呢？

原来如此

心脏线，因其形状与心脏相似而得名。

心脏线是由很多大小不同的圆组成的。其中每两个左右相对的圆是一样大的，这些圆都要经过最下面的同一个点，我们可以暂时把这个点称为公共交汇点。从公共交汇点左右对称的点依次画出各个圆，就能形成漂亮的心脏线啦。

关于心脏线，有一个美丽而神奇的传说。17世纪时，一位美丽的公主和一位数学家相恋，但是遭到了公主父亲的强行拆散，国王把数学家驱逐出境。数学家给公主连续写了很多封信，都被狠心的国王扣下了。当这位数学家患病即将离世时，给公主写了最后一封信。国王和大臣都看不懂，便交给了公主。信中写了一个数学式“$r=a(1-\sin\theta)$”。公主按照数学式画出了图像，就是一幅心形图片。原来数学家用数学图形来表达对公主的真爱至死不渝。后来，人们就把这个心形的图像叫作心脏线。

方圆之间

不论是在生活中，还是在数学学习中，我们经常遇到上图这样方圆组合的图形。叮叮就想：方圆之间究竟有什么关系呢？

原来如此

其实，方圆之间的关系，我们可以记住一个最经典的图形：一个正方形里有一个最大的圆，而这个圆里呢，又有一个最大的正方形。我们不妨分别叫作外方、中圆、内方。这三个图形最明显的联系是什么呢？外方的边长、中圆的直径、内方的对角线是相等的。正是这样的联系，它们之间的面积关系就很有意思了。我们把中圆的直径定为d，那么外方的边长、内方的对角线也为d，这样我们很容易得出它们之间的面积比为$4:\pi:2$。怎么记忆呢？π只会与圆有关，当然是中圆的份数，外方面积比它大，就是4份，内方比它小，当然是2份。同样，很容易看出，外方是内方的2倍。有了这样的结论，我们在计算这类问题时，只需知道其中一个图形的面积，就可以快速准确地求出其他图形的面积了。

在生活中，方圆组合也特别有意思。水立方与鸟巢就是一方一圆的造型，表达了“天圆地方”的朴素宇宙观。“胆欲大而心欲细，志欲圆而行欲方”，你明白这句话的意思吗？

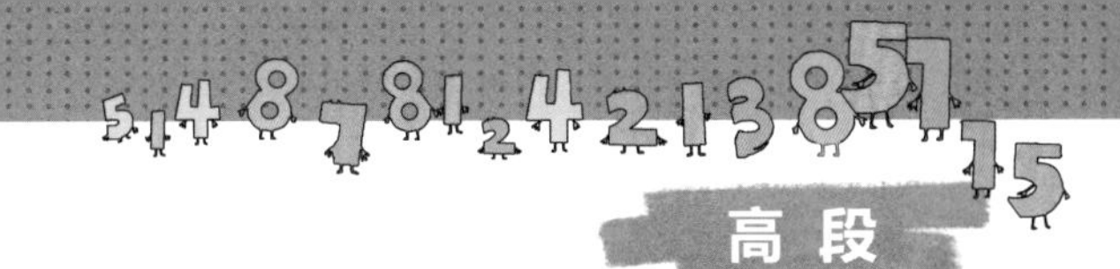

行车盲区

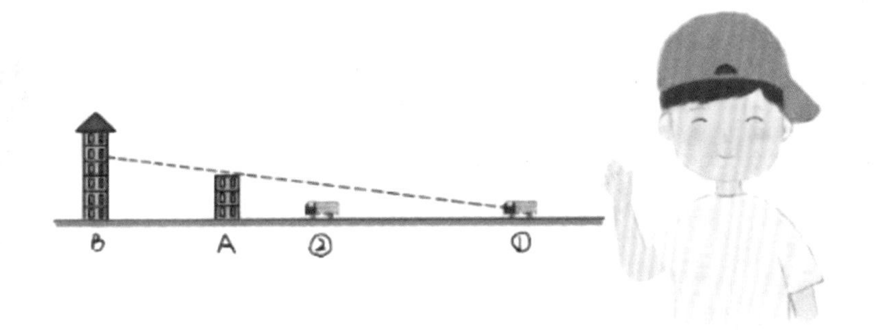

咚咚在学习观察物体这一节内容后，联想起她妈妈的一次交通事故。据妈妈回忆，当时车前方明明是空荡荡的一条直道，但突然一个人就出现在了面前。咚咚想，是不是可以用观察物体的知识来解密呢？

原来如此

观察物体时，如果遇到障碍物，视线受阻，就看不到障碍物后面的地方，也就形成了我们常说的盲区。我们的视线是直的，不会转弯，所以盲区可不只是障碍物那么大。如上图，当客车行驶到①处时，可以看到建筑物B的上端，当客车行驶到②处时，就完全看不到建筑物B了，这时建筑物B被建筑物A完全遮挡。因为车身左、右立柱等遮挡原因，驾驶员左、右前轮周围区域也存在盲区，就有可能出现叮叮妈妈说的“突然出现一个人”的情况。那我们把这些立柱去掉，不就没有盲区了吗？可千万别小看了这些立柱，它里面是坚固的钢材，在发生碰撞时，可以很好地保护车内人员的安全。另外，对于驾驶员所坐的位置来说，汽车前盖的遮挡也会产生一个较大的盲区。所以，有经验的司机上车前，一般都会从车的前面绕到驾驶车门处上车，这样才能了解车周围的情况，避免发生事故。“一叶障目”这个成语，就是说一片叶子挡在眼前会让人看不到外面的广阔世界，它的本义也是指视线被遮挡而产生盲区。

百分数与“十分数”

叮叮学习了百分数以后，知道百分数表示一个数是另一个数的百分之几，它又叫作百分比、百分率。她很好奇，既然有百分数，那有没有“十分数”呢？

原来如此

衣服的标签、饮料的成分、报刊上处处都能看到百分数的影子。人们在计算和测量中得不到整数结果时，就会使用分数来表示。这时分数就可能产生两种意义，表示一个具体的数量，或表示两个数之间的倍比关系。而百分数只用于表示两个数的倍比关系。虽然任意一个百分数都可以写成分母是100的分数，而分母是100的分数却并不一定都具有百分数的意义。想一想什么时候分母是100的分数不具有百分数的意义呢？对了！当它表示的是一个具体的数量时，就不能写成百分数。

除了百分数，生活中还真有一类“十分数”。我们经常听到的“成数”“折数”的说法，就是分母为10的分数。例如，去年的收成只占今年的六成，就是说去年收成是今年的十分之六。一件衣服打八折出售，就是指衣服的现价是原价的十分之八。只是“约定俗成”的原因，我们没有叫“十分数”而已。

制作扇形统计图

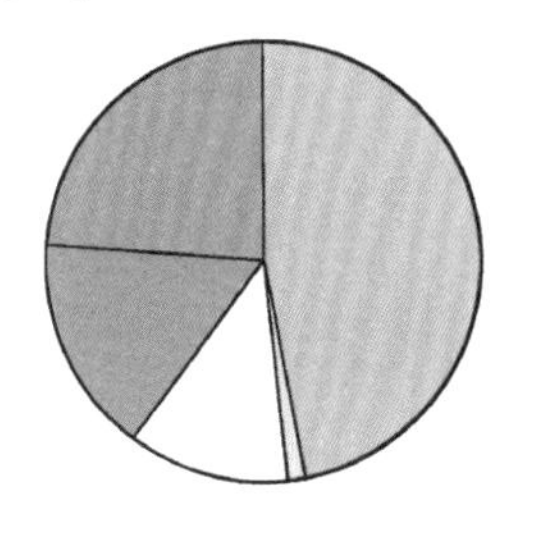

扇形统计图能清楚地表示出部分在总体中所占的百分比。叮叮在学习了这一知识后，觉得特别有用，就想制作一幅扇形统计图，但老师只教了怎么看图，却没教怎么制图，怎么办呢？

原来如此

生活中，我们经常会用到扇形统计图，如销售情况、营养含量、人员结构等。使用时，我们只需要看哪部分的面积大，哪部分的面积小，就可以知道谁多谁少。如果我们想要制作一幅这样的统计图，就需要把各部分的数量比转化为面积比。

在做扇形统计图时，可以根据各个部分在总体中的百分比计算出圆心角的大小。例如，在叮叮一家12月生活支出情况中，生活费占总支出的25%，那么它对应的圆心角就是$360° \times 25\% = 90°$，交通费占总支出的10%，$360° \times 10\% = 36°$，这样依次算出各部分的圆心角度数。接下来，我们按照相应的度数在一个圆内进行划分，就可以绘制出扇形统计图了。最后把各个部分的项目和数据标出来就好了。当然，我们也可以把圆周按这样的百分比进行划分，然后把划分点与圆心连接。

比和除法

6÷4写作6：4，读作6比4.

$6:4=6\div4=\frac{6}{4}=1.5$（“:”为比号）

6是这个比的前项，
4是这个比的后项，
1.5是6：4的比值.

在学习比的时候，咚咚知道了“两个数相除，又叫作这两个数的比”。但是很快又有一些疑惑：既然两个数相除又叫这两个数的比，那有除法就行了，还要“比”干嘛呢？

原来如此

同学们可以先对比一下“÷”与“：”这两个符号，是不是一下子就明白两者的关系了？除法是我们最为熟悉的运算之一，它和乘法互为逆运算。再来看比的定义：两个数相除，又叫作这两个数的比。为什么要多用一种方式来表示呢？其实比和除法既有密切的联系，又有区别。除法是一种运算，强调平均分，符号中那条横线就表示这个意思，因此，我们往往更关注和使用除法运算的结果——商，并以此来解决问题。比是用除法来定义的，所以比可以表示比的前项除以后项的运算。但比号中没了那条表示平均分的横线了，所以，它更强调两个数（量）之间的关系。

除了两个数的比，还有三个数或三个数以上的比，叫作连比。但连比可不等同于连除。我们可以用份数来理解连比。例如：在一种奶茶中，牛奶占2份，茶汁占3份，糖浆占1份，那牛奶、茶汁和糖浆的比就是2：3：1。

不同类量的比

(1)谁快?

	路程	时间	路程与时间的比	速度
马拉松选手	40km	2时		
骑车人	45km	3时		

(2)哪种苹果最便宜?

品种	总价	数量	总价与数量的比	单价
A	9元	2kg		
B	15元	3kg		
C	12元	3kg		

比是用来表示两个数(量)之间的倍比关系,叮叮学习了“不同类的量也可以求比”就疑惑了,这还是倍比关系吗?

原来如此

长和宽的比,甘蔗汁和水的比,树高和影长的比,反映的都是同一类量之间的倍比关系。长度、面积、体积和质量是我们生活中常见的量,都是可以度量的。两个甚至多个同类量的比,我们也很好理解。但不同类的两个量可以求比吗?它们的比有什么意义呢?我们可以从一些例子中寻找答案。

如果要表示一些无法直接度量出来的属性,如动物奔跑的快慢,我们可以用动物跑的路程和它所用的时间进行比较,就能知道它的快慢。在小学阶段,经常会用到的不同类量之间的比有两个:总价和数量的比,产生单价;路程和时间的比,产生速度。新的量产生了,新的问题也来了:同类量的比,比值不用带单位,那不同类量的比呢?比值是前项除以后项所得的商,这时它所表示的实际意义已经是一个新的量,根据它的意义需要带上单位,一个由前后项的单位组合而成的复合单位,如米/秒、元/千克等。

份数与分数

剩下的地按2:1的比种黄瓜和茄子。

西红柿占总面积的$\frac{2}{5}$

3m

10m

在上面的数学问题中，既有分数，又含有比。咚咚在想：怎样把它们统一起来思考呢？

黄瓜和茄子分别要种多大面积？

原来如此

能思考这样的问题，说明同学们的小学数学学习已进入最高级的阶段了。

我们先用“份数”来解决。根据西红柿占总面积的$\frac{2}{5}$，我们可以知道西红柿与总面积的比为2：5，总面积为5份，西红柿占2份，那么剩下的为3份。黄瓜和茄子的比是2：1，刚好也是3份。那么黄瓜和西红柿的面积同为2份，茄子占1份。这样，我们只需要计算出总面积，再分别算出5份中的2份、1份分别是多少就可以了。这种思路进行的基本就是整数除法运算。

我们再用分数来解决。剩下的占总面积的$1-\frac{2}{5}=\frac{3}{5}$。根据“黄瓜和茄子的比是2：1”，可以知道黄瓜占剩下的$\frac{2}{3}$，那么黄瓜占整块地的$\frac{2}{5}$。同样也可以求出茄子占整块地的$\frac{1}{5}$，再根据总面积分别求出各部分的面积。

用份数去想和用分数去思考，你更喜欢哪一种呢？

神奇的黄金分割

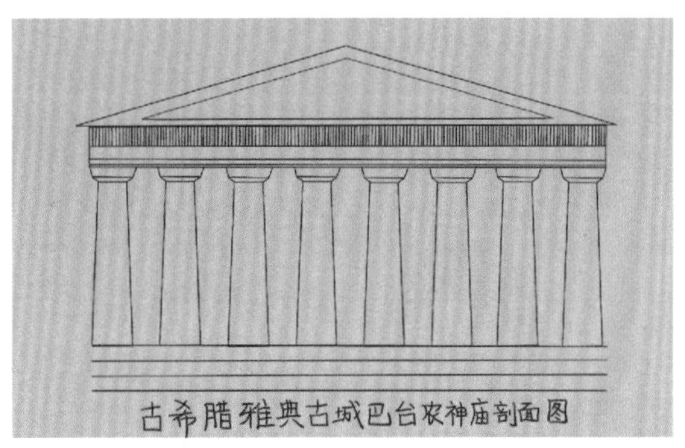

咚咚在了解黄金分割时知道了0.618法。那什么是0.618法呢？0.618法在生活中有什么用呢？

原来如此

黄金分割是古希腊人发明的。把一条线段分割为两部分，使其中一部分与全长比值的近似值是0.618，这是一个神奇的数。由于遵循这一规则设计出的造型十分美丽，因此称为黄金分割，分割点被称作黄金分割点。

在生活中，0.618更是无处不在。比如：人的肚脐是人体长的黄金分割点，而膝盖又是人体肚脐以下部分体长的黄金分割点。最完美的人体：肚脐到脚底的距离：头顶到脚底的距离=0.618。最漂亮的脸庞：眉毛到脖子的距离：头顶到脖子的距离=0.618。达·芬奇的《蒙娜丽莎》、拉斐尔笔下温和俊秀的圣母像，都有意无意地用上了这个比值。人们公认的最完美的脸型——“鹅蛋”形，脸宽与脸长的比值约为0.618。如果计算一下芭蕾演员的优美身段，可以发现他们的腿长与身长的比值也大约是0.618。人在环境气温22℃～24℃下生活感到最适宜。因为人体的正常体温是36℃～37℃，这个体温与0.618的乘积恰好是22.4℃～22.8℃，而且在这一环境温度中，人体的生理功能、新陈代谢水平等均处于最佳状态。

你还能在生活中找到黄金分割的例子吗？

存期的秘密

300元存一年，
整存整取。
在银行存款，
银行会付给利息。

今日利率
×年×月×日

存期（整存整取）	年利率%
一年	2.25
三年	3.33
五年	3.60

咚咚准备把自己的压岁钱存入银行，希望选择一种最优的存款方式，让自己的压岁钱能产生更多的利息。现在他感到疑惑的是：选择哪一种方式，到期后获得的利息更多呢？

原来如此

很多人在存钱时，都想过这样一个问题：如果把钱存到银行，一年期的连续存3年，跟一次性存三年期相比，到底哪种方式利息更多呢？相差大吗？

利息是怎么算的呢？利息=本金×利率×时间，也就是说，利息与三个因素有关：本金、利率和时间。先假设本金为10000元，年利率用上图的数据，按1年期的连续存3年来算：第一年的利息为10000×2.25%=225元。第2年存的时候，本金发生了变化，为10000+225=10225元，那么第2年的利息为10225×2.25%≈230.06元。同理，第3年利息为10455.06×2.25%≈235.24元。三年利息共计约：225+230+235=690元。按一次性存三年期来算，利息为10000×3.33%×3=999（元）。两者相差309元！

如果我们的本金数额再大一些，那么两种方式所获取的利息相差就会更大，时间越长获得的利息就越多。但是，按一年一年存也有一个好处，那就是资金的灵活性相对更强一些。

有锥角的飞船轨道舱

“神舟”号飞船有返回舱、轨道舱和推进舱，其中轨道舱的外形为两端带有锥角的圆柱形。

叮叮特别喜欢科学，她在一条关于“神舟”号飞船的科普知识中看到了飞船的轨道舱图片，很好奇轨道舱为什么要设计成两端带有锥角的圆柱形呢？

原来如此

“神舟”号飞船的轨道舱总长度为2.8米，最大直径为2.25米，一端与返回舱相通，另一端与空间对接机构连接。外形设计成带有锥角的圆柱形是为了减少空气的阻力，减少推进过程中的热能摩擦，保护里面的精密仪器。轨道舱又被称为多功能厅，它是航天员生活和工作的舱室，集工作、吃饭、睡觉、洗漱等诸多功能于一体。航天员除了升空和返回时要进入返回舱，其余时间都在轨道舱里居住。轨道舱里面还有大量的实验设备和仪器，可以进行对外观测。由于轨道舱是航天员在轨道飞行期间的生活舱、实验舱和货舱，设计成圆柱形也可以容纳下更多的物品。如同金字塔设计成三棱锥、灯塔设计成圆柱体、高层住宅设计成长方体一样，科学家们在设计时，充分运用了形体的数学特征。

直柱体的体积

叮叮在用硬币叠圆柱的过程中，产生了一个大胆的猜想：长方体、圆柱体这样的立体图形，它们的体积是不是都可以用“底面积×高”来计算呢？

原来如此

先从长方体的体积公式“体积=长×宽×高”说起吧。这个公式表示什么意思呢？表示长方体所占空间的大小是由长、宽、高这三维要素共同决定的。再看“长×宽”的数学意义，就是底面积。因此，这个公式可以理解为“底面积乘高”。再想想我们以前聊过的话题：积线成面，积面成体。所谓高度，是不是可以理解为许多底面累积而成？就如同一本书，是由一张一张的纸累积而成一样。圆柱就是由一个个圆形底面累积而成，如同用硬币堆成一个圆柱体一样，同样可以用底面积乘高来求体积。只要是上下底面一样的直柱体，我们都可理解为是由底面这样的图形累积而成的，而高度就是累积的厚度。

想不明白的圆锥

我再来捏一个和这个圆柱底面积相等的圆锥!

学习圆锥的体积公式时，袁老师用实验的方法得出了结论，但同学们都很质疑是否三次就真的刚刚倒满了呢？会不会因为“π”的无穷无尽而差了那么一点点呢？

原来如此

这确实是一个让人纠结的问题。关于圆锥的体积公式推导，需要用到高中的知识才能说得明白，但这种方法对于现阶段的你们来说，确实难了点。那怎么办呢？编辑老师们最后选择了实验的方法来帮助大家学习。就像圆的面积公式推导一样，极限的思想大家理解起来也很难，所以就用了“化曲为直”的方法让大家来直观理解。这样，大家更容易得到具体的大小感知和建立模型，促进关系的理解。

对于圆锥来说，还有一个很有意思的话题，那就是它的表面积。这也是初中才学习的内容，但我们是能够通过动脑筋得到的。它的表面积是由底面这个圆和侧面的扇形组成的。底面不是问题，有难度的是侧面。求侧面积，可以量出这个扇形的圆心角，通过计算它是所在圆的几分之几来求面积，但这个圆心角可不好求。其实，我们可以把这个扇形看成一个三角形，底边是底面圆的周长，高是扇形的母线，这样就能求出侧面面积，然后把两个部分加在一起，就能求出圆锥的面积。

卷圆柱的学问

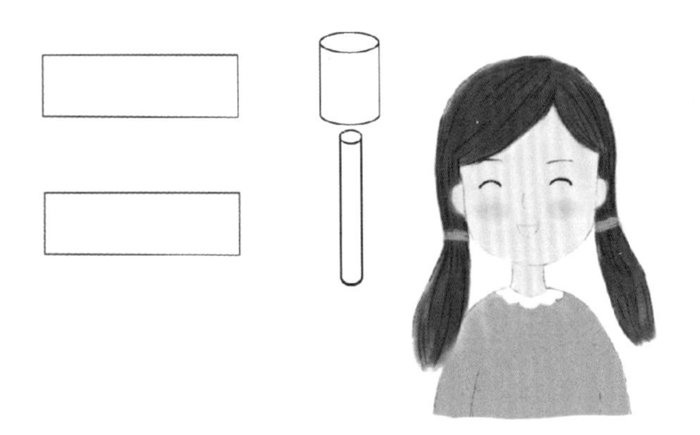

叮叮学习了圆柱体积的计算后，思考了一个新的问题：完全相同的两张长方形纸分别卷长边和卷宽边，围成的两个圆柱体的表面积、体积是一样大的吗？

原来如此

表面积的问题不大，同样大小的纸，作了侧面积，就只需要考虑底面积的大小了。当然，周长越大，半径就越大，面积也就越大，因此，用同样大小的纸卷出的圆柱中，“矮胖”的表面积更大。体积呢？这可有点难了。凭直觉，哪一种大些呢？好像还是“矮胖”型的，对不对呢？很快就进入中学了，我们试着用字母来解决这个问题。我们假设长方形纸的长为a，宽为b。卷长边时，围成的“矮胖”型圆柱体底面周长为a，高为b，$V_{矮胖}=\pi\left(\frac{a}{2\pi}\right)^2b=\frac{a\times a\times b}{4\pi}$。卷短边时，围成的“高瘦”型圆柱体底面周长为$b$，高为$a$，$V_{高瘦}=\pi\left(\frac{b}{2\pi}\right)^2a=\frac{b\times b\times a}{4\pi}$。两个结果一对比，因为$a>b$，所以$V_{矮胖}>V_{高瘦}$。同学们，这样的结论是不是有点似曾相识，在用一条绳子围成平面图形的时候，想起来了吗？

球体的表面积和体积

叮叮知道了“圆锥的体积等于与它等底等高的圆柱体积的$\frac{1}{3}$”之后，一直在想：圆锥可以看作底边长为r，高为h的三角形旋转形成。那球又是什么图形旋转得到的呢？它的表面积和体积又该怎么计算呢？

原来如此

球体的几何性质是一个迷人的领域，一般我们要学了微积分相关知识后才能说得清楚。但今天，袁老师先给大家讲点你们听得懂的，看能否带给你们一些启发。

一个半圆以它的直径为轴旋转360°所围成的曲面叫作球面。也可以说：球的表面是一个曲面，这个曲面叫作球面。球面所围成的空间叫作球体，简称球。

连接球心和球面上任意一点的线段叫作球的半径，用字母r表示。球的体积公式：$V=\frac{4}{3}\pi r^3$，球的球面面积公式：$S=4\pi r^2$。这些公式是怎么得来的呢？我们可先用过球心的平面截球，球将被截面分成大小相等的两个半球，截面叫作所得半球的底面。半球的体积正好等于和它等高等直径的圆柱体积的$\frac{2}{3}$。那么，$V=2\times\pi r^2\times r\times\frac{2}{3}=\frac{4}{3}\pi r^3$。感兴趣的同学可以用实验法体验一下哦。

而表面积，我们可以把球看成是很多个底面自我封闭的棱锥，也就是说，把球面分成很多小块，小块的顶点全部连接球心，就将把球体分成很多棱锥，这些棱锥的高是球的半径，体积之和就是球的体积，即$V=\frac{1}{3}\times$棱锥底面积的和$\times$棱锥的高$=\frac{1}{3}\times$棱锥底面积的和$\times$半径，可得棱锥底面积的和$=V\times3\div r=4\pi r^2$。求出这些棱锥的底面积之和，即球的表面积。

自变量和因变量

叮叮和咚咚分别用表格和图表示了妙想6岁前的体重变化情况。

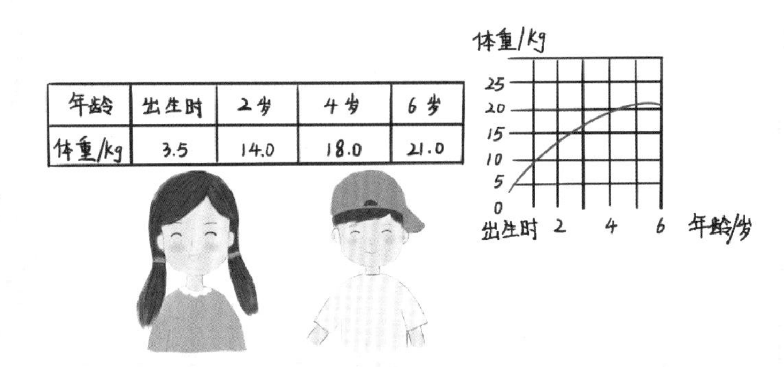

年龄	出生时	2岁	4岁	6岁
体重/kg	3.5	14.0	18.0	21.0

在学习变化的量时，叮叮发现我们会说“由于时间的变化会引起体重的变化”。为什么却没有人反过来说：“年龄随着体重的变化而变化呢？”

原来如此

叮叮发现的这个问题实际上是自变量和因变量的问题。

自变量和因变量都是变化的量，变化的量是相对于不变的量（常量）提出的。它们的区别就是先后之分，谁先发生变化，引起了另一个量的变化。先发生变化的那个量就是自变量，随着变化的那个量就是因变量。例如，咚咚的体重随着年龄的变化而变化，其中年龄是自变量，咚咚的体重是因变量。骆驼的体温随着时间的变化而呈现周期性的变化，其中时间是自变量，骆驼的体温是因变量。时间和年龄是自动增加的，它不会随着其他任何量的变化而变化，是在你不知不觉中慢慢变化的。

世间万事万物都在变化，但是，变中也有不变。比如：圆的周长和直径，这两个量都是会变化的，直径变化引起周长变化，周长变化也会引起直径变化。但是在它们的变化过程中存在一个永远不变的量，那就是圆周率。

正比例引发的争论

圆的面积与半径成正比例。
正比例
不对，不对。

学习了两种相关联的量的正比例关系后，叮叮和咚咚开始争论圆的面积与半径是否成正比例关系。你觉得呢？

原来如此

圆的半径和面积是密切关联的量，半径的变化必然引起圆的面积的变化。要判断二者是否成正比例关系，要看二者的比值（也就是商）是否是一定的。因为$S=\pi r^2$，所以$S\div r=\pi r$。圆的面积和半径的比值等于圆周率π和半径的积。虽说圆周率π是个固定值，可半径在变化，所以这个比值不是一个固定值。可见，圆的面积与半径虽是两种相关联的量，但比值不一定，也就不成正比例关系。那在圆中能找到成正比例关系的量吗？如果刚才的比值中不包含变化的量，比值就是固定的了。我们自然会想到$S\div r^2=\pi$，这时的比值是圆周率π，是固定的值。所以，一个圆的面积和半径的平方才是成正比例关系的，它们的比值就是π。

前项和后项

图上距离和实际距离的比，叫作这幅图的比例尺。
图上距离
实际距离
=比例尺

我画的图中，图上1cm表示实际100m，即10000cm，比例尺就是1:10000。

叮叮在一幅图中，量得图上距离是2cm，而对应的实际距离是111cm，她觉得这幅图的比例尺是2:111。可咚咚却觉得不对，因为他见过的比例尺不是前项为1就是后项为1，是这样的吗？

原来如此

叮叮的结果并没有错，比例尺的前项或后项不一定非得是1。比例尺是图上距离与实际距离的比，在生活中为了直观、清晰地呈现，通常会把比例尺前项或者后项写成1。如果把图上长度缩小到实际长度的若干分之一，那么前项就为1；如果把图上长度扩大到实际长度的若干倍，那么后项就为1了。如果比例尺前项或者后项不能化简写为1，也是可以的。比如：3：500000，这个比例尺可以表示当图上距离为3厘米时，实际距离为500000厘米（5千米）。所以，比例尺的前项或者后项可以不为1。

正比例与反比例

学完正比例和反比例，叮叮心里嘀咕着：正、反是一对反义词，那么正比例和反比例有哪些地方是反着的呢？

原来如此

成正比例的两个量，一个量会随着另一个量变大而变大；而成反比例的两个量，一个量会随着另一个量的变大而缩小。从变化情况来看，一顺一逆，它们的确是反着的。

成正比例的两个量，比值（商）一定；成反比例的两个量，乘积一定。虽说两个相关联的量在变化的背后都有一个不变的量，但这个不变的量，正比例是除法计算的结果，反比例是乘法计算的结果，一除一乘，也是反着的。

再看看我们绘制的正比例图像，是一条直线，到初中我们会学习绘制反比例关系的图像，是一条双曲线，一直一曲，大不相同。

“合适”的统计图

六（1）班家庭成员人数调查结果如下：

成员人数	2	3	4	5
家庭数	正	正正正下	正正丅	下

怎样整理六（1）班家庭成员人数调查结果呢？

某市2014年月平均气温变化统计图

平均气温/℃

月份

笑笑的零花钱支出情况统计图

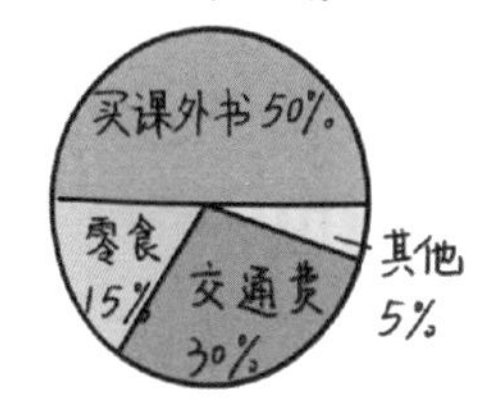

叮叮已经学习了条形统计图、折线统计图和扇形统计图。但是在解决实际问题的时候，究竟用哪种统计图更好呢？

原来如此

比起统计表，统计图可以将数据背后的一些规律直观地表示出来。三种统计图有相同之处，也有各自的特点，我们应根据自己统计的目的来选择合适的统计图。选用哪一种，没有“对与错”，只有是否更“合适”。条形统计图是用直条的长短来表示数据的多少，因此，它可以直观地反映出数据的多少。如果想要直观地反映某空调店每个月的空调销量情况，就可以选择条形统计图。绘制折线统计图，本质上是把条形统计图中各直条的顶点连接而成，因此，它不仅可以反映数据的多少，更能够直观地反映出某一事物的变化趋势。如果要想知道成都市2011—2020年每年空气质量达优的天数情况，以及成都市这十年空气质量变化情况，选择折线统计图就比较合适了。而扇形统计图可以清晰地反映整体与部分间的倍比关系。如果想要直观地反映某个家庭各部分支出与总支出之间的关系，就可以选择扇形统计图。

处处受限的0

为什么我不能作除数？
为什么我没有倒数？

复习小数、分数、百分数的关系时，叮叮发现老师总是强调0不能作除数，0没有倒数。为什么0处处受限呢？

原来如此

除法、分数、比、倒数……0总是受限。说到原因，都是因为0不能作除数。其中的缘由，我们在前面已经说过了。只是今天，我们要说得更“数学”。

如果定义除法为$a \div b=y$，假如$b=0$，我们把除法算式变为乘法算式来看看。

$a=b \times y$，$b=0$，得$a=0 \times y$，这样可能有以下两种情况：

情况一：当$a=0$时，代入$a=0 \times y$，$0=0 \times y$，这时不管y等于任何数，等式都成立。但是计算结果就不唯一了，那这个式子就没什么意义。

情况二：当$a \neq 0$时，代入$a=0 \times y$时，这时候不管y等于任何数，计算时等号左边都不等于右边，等式都不成立，这个式子也没什么意义。

可见，当除数$b=0$时，除法算式$a \div b=y$不成立，所以除数不能为0。同样，分数的分母、比的后项都不能为0，0也没有倒数。

千分数和万分数

叮叮学习了百分数以后，突然萌发了一个想法：生活中经常会用到百分数，那有没有千分数和万分数呢？

原来如此

生活中确实有千分数和万分数。千分数：表示一个数是另一个数的千分之几，又称作千分率。写一个千分数，要用到千分号“‰”。例如：某市人口出生率为6‰，死亡率为4‰。万分数：表示一个数是另一个数的万分之几，又称作万分率。写一个万分数，要用到万分号“‱”。万分数常常用在国家制定的一些质量标准上。例如：某类报纸的差错率不超过2‱。

金店里，会经常用到两个词：千足金和足金。千足金其实就是首饰的含金量为999‰，还有1‰是其他成分。而足金首饰的含金量为990‰，还有10‰是其他成分。可见，虽然千足金和足金都是在用千分数表示其纯度，但是显然千足金比足金纯度更高。

神秘的密铺

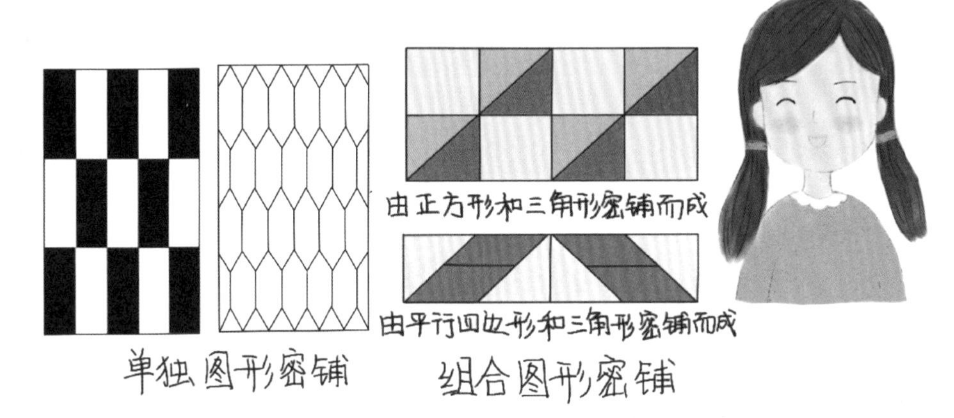

在学习密铺的时候，叮叮觉得很困难。到底哪些图形可以密铺呢？

密铺也叫平面图形的镶嵌。用形状、大小完全相同的一种或多种平面图形进行拼接，彼此之间不留空隙、不重叠地铺成一片，这就是平面图形的密铺。图形的密铺分为单独图形的密铺和组合图形的密铺，在小学阶段，我们主要研究单独图形的密铺。

任意三角形、任意凸四边形都可以单独密铺。在正多边形中，只有正三角形、正四边形、正六边形可以密铺，其他正多边形都不可以密铺平面。这是因为用几个形状、大小完全相同的图形，不留一点空隙、也不重叠地密铺成一个平面图形，需要围绕一点拼接在一起。而拼接点处的各个角度和必须为360°，即公共顶点处拼成了一个360°的周角。而在我们的正多边形中，只有正三角形的60°，正四边形的90°，正六边形的60°是360°的因数，所以这三种正多边形可以单独密铺。

在我们的生活中，最常见的密铺当属街道的地面被一种或多种地砖铺满。

后记

为儿童真实成长而教

敲完最后一个字，已是2021年蓉城的盛夏。

书房对面的绿地“468”高塔终于要封顶了。开始写本书时，这个项目就动工了。写写停停，修修停停，何其相似，所幸，虽各种遗憾，但都成了。

想把书中的问题进行一个儿童视角的解读，源于10年前的一堂常态课“圆锥的体积”：当我演示完用圆锥容器向同底等高圆柱容器的三次倒水后，我问学生有什么发现？大多数学生都得出了它们之间的三倍关系。但袁添同学表示有疑问，他反问我凭什么说就倒满了？会不会差那么一点点我们肉眼看不出来呢？已记不清当时我是怎么回应他的，但许多学生的附和让我印象深刻。原来，许多成年人的“理所当然”，在儿童眼里却全是问号。怎么对他们解说这些困惑呢？这些年，陆陆续续想过、写过一些，也在《武侯教育》主编何静女士的帮助下开过专栏，但要么写得如网上那般好懂但随意，要么就如某些专著里的一般严谨但深奥。写到2015年时，犹豫了，就停了。直到2017年，成立了工作室，一大帮有才华有热情的伙伴加入，才又重启了这项工作。

写作的过程特别艰难。

哪些问题才是学生的真问题？怎么解说才能让他们有“原来如此”的体会？师父华应龙先生、四川省教科院尤一先生、《小学数学教师》主编陈洪杰先生给了我们专业上的高位引领，一个个数学上的难题得以化解。在编写过程中，伙伴们也查阅了大量现有资源，虽进行了儿童化的表述，但仍可能给人“似曾相识”的感觉，致谢致歉。

出书的过程特别艰难。

零碎的想法要成为一本有趣有用的专著，对于我们这群一线教师而言，实在是一个新课题。四川大学附小教育集团刘晏校长、四川大学出版社王军社长、新格林教育集团谢瑶函董事长、成都高新大源学校李鸣校长、成都高新顺江学校李俊副校长、成都市武侯实验小学付华校长、四川大学附属小学教师发展中心黄颖校长、四川大学附属小学教师发展中心刘芸女士给予了我们全方位的支持，一并致谢。

最后，一句真诚的“套话”：限于我们的水平和经验，确实还没有完全做到“童眼看数学”，也不能完全让儿童读后有“原来如此”的快乐，还望各位同学、同行、家长多多包容、指导、批评。我们将在以后《童眼看数学》系列的课例、论文专著里进行改进。

为儿童真实成长而思、而教。期望本书能成为小朋友们喜爱的课外书，成为同行备课、家长辅导时有所帮助的参考书。

沈勇

2021年7月4日于成都三圣乡